Marcel A. HÉRUBEL

Membre de l'Académie de Marine
Lauréat de l'Institut

L'ÉVOLUTION DE LA PÊCHE

Étude d'économie maritime

Ouvrage orné de 9 dessins originaux de L. Haffner

PARIS
SOCIÉTÉ D'ÉDITIONS
GÉOGRAPHIQUES, MARITIMES ET COLONIALES
184, BOULEVARD SAINT-GERMAIN (VIᵉ)

1928

L'ÉVOLUTION DE LA PÊCHE

Étude d'économie maritime

DU MÊME AUTEUR

Divers mémoires et notes de Zoologie et de Biologie à l'Académie des Sciences, à l'Académie de Marine, la Société zoologique de France, le Bulletin du Muséum, l'Année biologique, les Annales de Physiologie et de Physicochimie biologique, la Revue scientifique, le Bulletin de l'Institut scientifique chérifien, etc...

Une nouvelle théorie des perceptions visuelles et ses applications (en collaboration avec M. A. QUIDOR), travail couronné par l'Académie des Sciences ; in-8, 32 p., 4 pl. hors texte ; in Annales de Physiologie ; 1927.

Les Pêches maritimes françaises à la fin de 1908, *à la Ligue maritime française,* in-4, 28 p. ; 1909. — *Épuisé.*

Les Pêches maritimes, *à l'Association nationale d'Expansion économique,* in-4, 52 p. ; 1917. — *Épuisé.*

Pêches maritimes d'autrefois et d'aujourd'hui, in-8, 344 p. ; 1912. — *Épuisé. Traduit en anglais sous le titre :*

Sea-Fisheries ; their treasures and toilers, Londres ; in-8, 336 p., 1912 ; 2ᵉ édit.

Le Port de Caen et la Basse-Normandie, *à la Ligue maritime française,* in-4, 20 p. ; 1912. — *Épuisé.*

La France au travail, en suivant la côte, de Dunkerque à St-Nazaire ; in-12, xx-284 p. ; 1913 ; 11ᵉ mille.

La Marine marchande, *à l'Association nationale d'Expansion économique,* in-4, 50 p. ; 1917. — *Épuisé.*

L'Exportation des vins (en rapport avec les zones franches), *Ibid.* : in-4, 49 p ; 1918.

La Terre restauratrice (en collaboration avec le vicomte DE ROQUETTE-BUISSON) ; in-12, 240 p. ; 1919 ; 3ᵉ mille.

Le Port de Roscoff, *étude d'Économie maritime,* in-8, 54 p. ; 1924.

Le Port de Boulogne-sur-Mer, *étude d'Économie maritime,* in-8, 60 p. ; 1925.

Le Port de Honfleur, *étude d'économie maritime,* in-8, 71 p. ; 1926.

ACADÉMIE DE MARINE   Tome VII. — 1928

Marcel A. HÉRUBEL

Membre de l'Académie de Marine
Lauréat de l'Institut

L'ÉVOLUTION DE LA PÊCHE

Étude d'économie maritime

Ouvrage orné de 9 dessins originaux de L. Haffner

PARIS

SOCIÉTÉ D'ÉDITIONS

GÉOGRAPHIQUES, MARITIMES ET COLONIALES

184, BOULEVARD SAINT-GERMAIN (VIe)

1928

A

M. CAMILLE JULLIAN

DE L'ACADÉMIE FRANÇAISE

HISTORIEN DE LA GAULE

LA PÊCHE MARITIME

COMMUNICATIONS FAITES A L'ACADÉMIE DE MARINE
A LA SÉANCE DU 9 DÉCEMBRE 1927
PAR
MM. Marcel A. HÉRUBEL, membre de l'Académie,
le Capitaine de Frégate DE LAURENS-CASTELET,
l'Ingénieur E. POHER et René MOREUX

L'ÉVOLUTION DE LA PÊCHE
Étude d'Économie Maritime

PAR M. MARCEL A. HÉRUBEL

AVANT-PROPOS

Les Mammifères et les Oiseaux vivant au contact des eaux douces ou salées se nourrissent des Poissons qu'ils pèchent. Les Hommes, placés dans des conditions identiques, agissent de même : hommes primitifs dont toutes les préoccupations se limitent à l'acte alimentaire, hommes civilisés que des circonstances exceptionnelles ont réduits à l'état de nature.

I

Le premier problème à résoudre est la recherche de la nourriture ; le second, la recherche d'un site favorable à un stationnement plus ou moins prolongé. Puis, les deux se confondent, car il faut manger pour demeurer et demeurer pour manger. Induction facile, vague généralité, direz-vous. Nullement. Voici un cas concret que j'extrais de l'histoire d'une région qui m'est bien connue : le pays de Caux.

Une route romaine, tracée sur le plateau qui domine l'estuaire de la Seine, reliait Lillebonne à Harfleur. Elle traversait une immense forêt. La terrible époque des Invasions passée et la Normandie pacifiée, l'on se mit à déboiser et à défricher afin d'élargir la route, en amorcer d'autres, donner à la culture des terres nouvelles et fonder des villages. Robert de Tancarville, en 1050, ordonna les premiers travaux systématiques. Mais, où commencer? La décision intervint vite : on se mit à l'œuvre sur la lisière même du plateau, qui, grâce à des vallons inclinés, communiquait avec le littoral. Pourquoi? Parce que avec les poissons pêchés en bas l'on ravitaillait les ouvriers terrassant en haut[1]. Les essarts de Sandouville, de Radicatel, d'Oudalle et d'Abbetot sont la commune conquête des défricheurs et des pêcheurs.

Second exemple. Un ancien jardinier, entré dans les ordres et moine à l'abbaye de Luxeuil, reçut de son supérieur saint Colamban, la mission de porter l'Évangile chez les peuplades de la basse vallée de la Somme. Ce moine était saint Valery. Une colline, jadis occupée par les Gaulois et les Romains, dominait l'estuaire de la rivière; à ses pieds, une anse, le Romerel, avait sans doute servi de port. Le lieu s'appelait Leuconaus. Saint Valery, en 611, éleva une chapelle au sommet. Peu de temps après, il obtint de Clotaire II un vaste domaine pour bâtir, autour de l'église, un monastère. Bientôt, sous la protection de ce dernier, un village se forma, dévalant les pentes de la colline. Il y avait urgence d'organiser le ravitaillement régulier des moines et des habitants. Les quelques pêcheurs, établis au bas de la côte, s'y employèrent. Leur nombre s'accrut rapidement. Tel est le point de départ de la basse-ville, encore nommée La Ferté. Le commerce suivit la pêche et s'y développa jusqu'à l'anémier : au xe siècle, Saint-Valery était l'un des premiers ports de la Manche[2].

---

1. Martin (Alph.), *Histoire de la ville de Saint-Romain-de-Colbosc*, in-12, Fécamp, 1892, 262 p., chap. 1er.

2. Lefils (Fl.), *Histoire civile, politique, religieuse de Saint-Valery et du comté de Ponthieu*, in-8°, 1858, chap. I-II. — Rosny (H. de), *Histoire du Boulon-*

II

Tout groupement humain établi sur le littoral est donc, à l'origine, constitué nécessairement par des pêcheurs. En d'autres termes, une humble station de pêche, pourvue d'une aiguade, a présidé, toujours et partout, à la naissance d'un port quelconque, grand ou petit. Les orientations spéciales se dessinent plus tard. Alors que Tyr et Sidon n'étaient que de pauvres installations de pêcheurs, Byblos florissait grâce à son commerce de bois avec l'Égypte[1]. Mais, Byblos, elle aussi, avait eu, jadis, le même berceau. Et elles sont d'un puissant réalisme, ces mentions portées sur les anciennes cartes : pays des Ichthyophages ou Côte des Ichthyophages...

Le port de pêche initial, comme Douarnenez, Groix, peut se développer droit dans ce sens ou bien évoluer en un port marchand : tels sont Honfleur, Le Havre, Bayonne. Tantôt, les deux coexistent : Boulogne-sur-Mer et Hull, par exemple. Tantôt, le second, par réversion et renouvellement de cycle de croissance, redonne une forme analogue au premier, mais perfectionnée : voyez Dieppe, Saint-Malo, La Rochelle. Enfin, viennent des ports dont je nommerai quelques-uns : Fleetwood, Ijmuiden, Geestemünde et, le dernier-né, Lorient-Kéroman. Ces formations, certes, ont profité de l'expérience acquise ; elles n'en sont pas moins nouvelles.

J'ai voulu montrer dès maintenant que les ports sont des individualités et que, malgré des dissemblances fonctionnelles entre eux et au sein de chacun d'eux, ils ont la même valeur morphologique[2]. Ils obéissent au processus du simple au com-

---

nais, I, p. 68-69. — Huguet (A.), *Histoire d'une ville picarde : Saint-Valery, de La Ligue à la Révolution*, 2 vol., 1909, 1270 p., Introduction, p. I-XIII.

1. Dussaud (R.), *Syria*, 1923, p. 301-302. — D'après V. Bérard, le mot sunnite Sidon signifie pêcher (*Les Phéniciens et l'Odyssée*, 2e édit., 1927, p. 201).

2. Ce langage, est-il besoin de le dire ? n'implique aucune adhésion à la théorie, d'ailleurs périmée, qui voit dans les sociétés des organismes vivants. Ratzel a bien montré que l'État prend l'aspect d'un organisme, parce que la population s'enracine dans le sol par le travail et convertit les différentes parties du territoire en organes de défense et de production. Mais, considéré isolément du sol, l'État perd aussi-

plexe, c'est-à-dire à la loi très générale de la différenciation. Et, comme ce sont des œuvres humaines, celle-ci s'exerce sur une série de positions d'équilibre comprises entre les deux attitudes extrêmes de l'homme : la dépendance et l'autonomie.

Je n'ai pas à considérer l'aspect métaphysique, moral et social de la question et dois me tenir sur le terrain de l'Économie maritime. Nous examinerons ensemble les groupements qui pêchent rien que pour vivre et ceux qui tirent parti de leur pêche par le commerce. Deux expressions résument ce programme : poisson-aliment, poisson-marchandise. Quelles sont leurs relations entre eux? Que représentent-ils dans le complexe des activités humaines? Voilà le problème qu'il s'agit de résoudre.

A cet effet, je recourrai aux méthodes de l'Économie maritime[1]. Et je m'attacherai surtout à la genèse des fonctions et des formes et à leurs principaux stades de développement. Ceci, pour deux raisons. D'abord, MM. de Laurens-Castelet et Poher vont vous entretenir de la pêche moderne et actuelle et M. Moreux, par des anticipations prudentes, déchirera sous vos yeux le voile de l'avenir[2]. Ensuite, lorsque j'aurai essayé d'expliquer, au sens philosophique du mot, la pêche, considérée — qu'on me pardonne cette métaphore — depuis la naissance jusqu'à l'âge adulte, il me semble que ma tâche sera terminée.

tôt les caractères intérieurs qui permettent de l'assimiler à un organisme. (F. Ratzel, *Der Staat und sein Boden geographischbetrachtet*; analysé par G. Richard, *L'idée d'Évolution dans la nature et l'histoire*, 1903, p. 160.)

1. Déjà exposées dans nos mémoires : le port de Roscoff, le port de Boulogne-sur-Mer, le port de Honfleur.

2. Voir communications de MM. de Laurens-Castelet, Poher et Moreux, Académie de Marine, séance du 9 décembre 1927; t. VII, 1928, fasc. 2 (*La Pêche Maritime*).

PREMIÈRE PARTIE

CHAPITRE PREMIER

Harpons et Hameçons.

Les populations les plus simples errent le long du rivage et
récoltent les animaux marins de petite taille. Les Ba-Kouando et les
Ba-Kouissé, entre Benguela et Mossamedès, se contentent de ramasser les poissons rejetés par les brisants [1].

Les Fuégiens de la tribu des Yaghan, au sud de la Terre de Feu,
absorbent moules, patelles, chitons, oursins, crabes; durant une
partie du printemps et tout l'été, ils sont strictement ichthyophages [2].
Seules, les femmes pêchent. Elles prennent les coquillages à la
main et, s'ils sont immergés, avec une spatule; les oursins, avec
une sorte de fourchette en bois à quatre branches; les crabes, avec
de petits harpons; les poissons, avec un nœud serrant l'appât et fait
d'une plume d'albatros attachée à une longue tige de goémon. Elles
n'utilisent les pirogues que pour disposer, à quelques mètres du
littoral, leurs engins, au fur et à mesure des besoins de la famille.
Les filets sont inconnus. Toutefois, il existe des barrages en branchages au fond de certaines criques. Les hommes emploient les
pirogues à deux fins : la pêche des phoques, des otaries et des
baleines et les voyages qu'ils doivent faire d'îles en îles pour chasser,
sur la terre ferme, les guanacos et les oiseaux. Dans les deux cas,
ils sont armés de harpons en os de baleine. Remarquez cette
ébauche de division du travail : aux femmes, la petite pêche courante, sédentaire, exigeant peu de force; aux hommes, la chasse, la

---

1. Descamps (P.), *La répartition de la population chez les pêcheurs côtiers*,
La Géographie, XLIV, fasc. 2, 1925.
2. Mission scientifique du Cap Horn, 1882-1883 (Ministères de la Marine et de
l'Instruction publique); t. VII, *Anthropologie, Ethnographie*, Paris, 1891, p. 336 à
368.

pêche lointaine des grands mammifères et les transports. Ici, l'élément actif l'emporte; là, l'élément passif.

Il serait facile d'énumérer beaucoup d'autres exemples pris en des régions très diverses : Australie, îles Andaman, îles Hawaï, Gröenland, Sibérie septentrionale, Nouvelle Galle du Sud, etc... Il est préférable d'attirer votre attention sur les analogies évidentes des pêches primitives et de la pêche à pied qui se pratique sur nos côtes à marée basse.

On compte, de Dunkerque à Biarritz, environ 60.000 femmes, enfants et vieillards occupés à la cueillette des goémons et de nombreuses espèces animales : parmi les rochers, moules, pholades, patelles, littorines, ormeaux, Bernards l'ermite, crabes, étrilles, congres; dans le sable, palourdes, praires, buccins, solens, mactres, équilles; dans les plaques d'eau, anguilles, plies, crevettes. La plupart des produits sont consommés par les pêcheurs eux-mêmes; et les engins ne varient guère.

I

Vous venez de constater la persistance dans l'espace de formes archaïques d'activités. Il importe de considérer celles-ci dans le temps.

L'abbé Breuil a découvert dans les couches moustiériennes, à Gibraltar, des coquilles marines dont l'homme, il y a des dizaines de milliers d'années, s'était nourri [1]. Dans l'Aurignacien et le Solutréen des grottes de Castillo, à Puente Viesgo, près de Santander, cardiums, patelles, littorines, coquilles Saint-Jacques, cyprines abondent [2]. Ainsi donc, nos misérables ancêtres consommaient d'énormes quantités de mollusques.

Prenaient-ils des poissons? On l'ignore. A partir de l'époque magdalénienne, nos connaissances se précisent; mais, en grande partie, elles se rapportent aux animaux de rivières et de fleuves, car la côte était alors peu habitée. Cependant, les gisements cités plus haut recèlent des coquilles magdaléniennes, huîtres, et turritelles notamment. Les troglodytes de Baoussé-Roussé, près de Menton, n'étaient pas seulement friands de coquillages, — 122 espèces

1. *Journal de Conchyliologie*, LXV, 1920, p. 319.
2. Fischer (P.-H.), *Journ. Conchyliol.*, LXVII, 1922, p. 160 (d'après les fouilles de l'abbé Breuil).

ou variétés dont certaines habitaient les eaux profondes, — ils dévoraient thons et loubines, maigres, sciœnes, murènes et congres. Ceux d'Oban, en Écosse, et d'Altamira, dans la province de Santander, ont laissé des tombereaux d'ossements de poissons[1].

Dans les grottes de l'intérieur s'entassent des restes de saumons, de brochets, de brèmes, de carpes, de barbeaux et de truites. Et, comme les Magdalénéens étaient de remarquables artistes, ils ont gravé sur le sol, sur les parois, sur des bois de renne, des images de poissons[2].

Comment pêchaient-ils? A la Madeleine, une sagaie est ornée d'un cyprin. Dans les gisements d'Oban et de l'île de Séeland, des harpons plats en bois de cerf sont mélangés avec des débris de poissons. D'après les dessins de cavernes, le harpon servait indifféremment à tuer les bisons, les phoques et les poissons de grande taille[3]. A la pêche comme à la chasse, c'étaient donc les mêmes engins.

II

Par l'invention des hameçons, le Paléolithique expirant et le Néolithique naissant ont réalisé un notable progrès. Un procédé entièrement neuf séparera désormais la pêche de la chasse. Des frag-

1. Salmon (Ph.), *Ichthyophagie et Pêche préhistorique*, *L'Homme*, 1887, p. 204. — *Id.*, *Dictionnaire Sciences anthropolog.*, art. « Pêche ». — Fischer (P.), « Sur les coquilles récentes et fossiles trouvées dans les cavernes du Midi de la France et de la Ligurie », *Bull. Soc. Géolog. France*, 1876, p. 329. — Massénat (E.), *Matériaux pour l'histoire de l'homme*, passim. — Mortillet (G. de), *Origines de la chasse, de la pêche et de l'agriculture*, Paris, in-8°, 1890, 496 pages, à partir de p. 219. — Déchelette (I.), *Manuel d'Archéologie préhistorique, celtique et gallo-romaine*, I, 1908, p. 176 et sq.

2. Mêmes références. — Grottes de la Madeleine, des Eyzies, de Laugerie Basse (Dordogne), de Duruthy (Landes), de Montgaudier (Charente), de Niaux (Ariège), de Conduché (Lot), du Mas d'Azil (Dordogne), etc.

Cf. Breuil (H.) et Saint-Périer (M. de), « Les Poissons, les Batraciens et les Reptiles dans l'art quaternaire », *Archives de l'Institut de Paléontol. humaine*, 1927 (Mémoire magnifiquement illustré : Figurations rupestres de thons, rares. Figurations, fréquentes, dans les grottes ou sur harpons et propulseurs, de saumons, brochets, truites, anguilles).

Au musée des Eyzies quatre genres de harpons : 1° pointes d'os de renne aplatie, de 65 millimètres; 2° pointes plus petites portant une dent ou barbelure (Magdalénien inférieur); 3° pointes portant plusieurs dents ou barbelures du même côté (Magdalénien moyen) ; 4° pointes portant plusieurs dents des deux côtés, soit symétriques, soit alternantes (Magdalénien supérieur).

3. Mortillet (G. de), *op. cit.*, p. 219. — Déchelette (J.), I, *op. cit.*, p. 154, 321-322.

ments de silex magdaléniens taillés en losanges ou en croissants, des morceaux d'os ou de bois rectilignes, bi-pointus de la même époque : tels furent probablement les premiers hameçons. Il semble raisonnable de chercher l'origine de ces organes dans les épines droites ou recourbées des plantes [1] et dans les barbelures des harpons. Réciproquement — et c'est un fait — on implantait, à l'époque tardénoisienne, des petits silex taillés en hameçons dans des hampes de harpons. En outre, harpons et hameçons ont coexisté, au début du Néolithique [2]. En tout cas, l'hameçon n'étant utilisable qu'attaché au bout d'un fil, les Préhistoriques, ainsi que les Fuégiens, ont dû emprunter ce dernier soit aux goémons, soit aux tiges ou aux herbes, soit aux peaux, aux tendons ou aux intestins des animaux. Il y avait des hameçons, rectilignes, en os ; mais, la forme incurvée, qui s'est transmise jusqu'à nous, n'a pas tardé à prévaloir [3]. Durant une bonne partie du Néolithique, les hameçons en silex seront d'un usage universel. Notez qu'ils étaient simplement taillés, alors que l'on polissait, sans aucune autre exception, la pierre [4].

On désigne sous le nom scandinave de Kjökkenmödding, qui veut dire débris de cuisine, des amas, plus ou moins volumineux, de coquilles marines, disposés le long du rivage : huîtres, cardiums, moules, patelles, littorines, buccardes, lutraires, etc... Au Danemark et en Norvège, ils dessinent des cordons de petits monticules. Au Brésil, où on les appelle Sambaquis, leur accumulation est telle qu'on les exploite pour en extraire de la chaux. Il y en a sur les côtes d'Espagne, du Portugal, de Mauritanie, d'Afrique du Nord, de Sardaigne, de Nouvelle-Écosse, de Cuba et aux environs de Tokio. Les principales stations françaises sont : Wissant, Étaples, Saint-Valery-sur-Somme, Roscoff, Plomeur (au lieu dit La Torche,

---

1. Renard (G.), « Le Travail dans la Préhistoire », in *Collect. Histoire universelle du Travail*, in-8°, 1927, p. 50. — On désigne du nom d'époque Mésolithique les étages Azilien, Tardénoisien, Maglémosien et Campignien. Le Mésolithique s'intercale entre la fin du Magdalénien et le début du Néolithique.

2. Déchelette (J.), *Ibid.*, p. 508 et sq. et p. 538.

3. Nilsson (M.), *Les habitants primitifs de la Scandinavie*, in-8°, Paris, 1868.

4. Mortillet (G. de), *op. cit.* — Déchelette (J.), *Ibid.*, p. 506 et sq. et p. 538-539. — Rau (Ch.), *Préhistoric Fishing in Europe and North America ; Smithsonian Contribut. to Knowledge*, n. 509, 1884, 342 pages. — L'Ethnographie présente une foule d'hameçons primitifs : ceux du Groënland sont en obsidienne, ceux des îles Santa-Cruz en coquilles, ceux de Colombia en épines, ceux de Sea Island en écaille de tortue. Au point de vue de la forme, ils se différencient par la plus ou moins grande ouverture de la branche montante, l'absence ou la présence de dents.

petit promontoire de la baie d'Audierne), Saint-Georges-de-Didonne,
Hyères... Les Kjökkenmödding, surtout ceux de Danemark et de
Norvège, renferment, mélangés avec les coquilles, des ossements de
poissons : églefins, limandes, harengs, anguilles, parfois des os de
phoques, de marsouins et de pingouins [1].

Les reliefs de repas : voilà tout ce qui reste des pauvres populations littorales de la fin du Paléolithique et du début du Noélithique.
Les explorateurs signalent de semblables dépôts en formation chez
les indigènes de Nouvelle-Zélande, d'Australie et des parages du cap
Horn.

CHAPITRE II

Filets et Bateaux.

C'est entre le IVe et le IIIe millénaire que le Néolithique, en Europe
occidentale, atteint son apogée. Ailleurs, la civilisation était plus
avancée. L'Asie Mineure, la Crète, l'Orient connaissaient la métallurgie du cuivre ; la Chaldée et l'Égypte, celle du bronze. Il y avait
deux mille ans que l'art nagadien avait jeté, sur les bords du Nil,
un vif éclat. L'empire de Sargon l'Ancien n'était qu'un souvenir. Et
l'on commençait de construire le premier palais de Cnossos, en Crète.
Encore quelques lustres et Tyr — en 2750 — allait être fondée. J'ai
cru utile d'esquisser cette large chronologie pour jalonner la
route.

I

Au Néolithique, les grands animaux sauvages s'éteignent. Aussi
les chasses meurtrières tendent-elles à disparaître. L'homme primitif, en effet, s'est fait chasseur non pas seulement pour manger
et se vêtir, mais pour se défendre ; et cela, sur tout le continent.
Défense ou attaque, poursuite, mise à mort, dépeçage et transport :
ces opérations exigent du courage, de la force, de l'habileté, des

1. Imbert (M.), *Bull. Soc. Anthropologie*, 1893, p. 45. — Mortillet (G. de), *op.
cit.*, p. 121-129. — Déchelette (J.), *op. cit.*, I, p. 325-619. — Rau (Ch.), *op. cit.*,
passim. — Cf. Dautzenberg (Ph.) et Fischer (P.-H.), *Journal Conchyliologie*, LXVIII,
1923, p. 155. — Hamy (E. T.) et Sauvage (M.), sur un Kjökkenmödding découvert à
l'embouchure de la Canche; Bull. Soc. Anthropol. Paris, 2e série, II, 1867, p. 362. —
Gsell (St.), *Histoire ancienne de l'Afrique du Nord*, I, in-8°, 1913, p. 197 (amas de
patelles et de moules dans les grottes néolithiques littorales).

déplacements étendus, bref, une organisation rudimentaire. La pêche primitive, au contraire, répond à l'unique besoin de manger. Elle entraîne de faibles déplacements, de minimes transports et fait appel plus à l'adresse qu'à la force. Chez les Fuégiens, vous vous en souvenez, la chasse est une occupation masculine; la pêche, une occupation féminime.

Il y a plus. Au Néolithique, la chasse est remplacée par la domestication et l'élevage; la cueillette, par la culture; le raclage brutal des peaux servant de couvertures, par le tissage du lin et de la laine et la confection de vêtements. Sur terre, la vertu de prévoyance est possible et utile. L'homme a bouleversé l'économie territoriale du continent. A-t-il, d'autre part, modifié, en quoi que ce soit, les conditions du monde marin? Nullement. Il lui faudra des dizaines de siècles pour élaborer l'Ostréiculture et la Mytiliculture; et, certes, ce ne sont pas là des industries cardinales! Cependant, le filage a rendu possible la fabrication des cordages, et le tissage celle des filets. Désormais, l'hameçon en pierre taillée pendra au bout d'un fil, les pêcheurs ou les pêcheuses tendront ou traîneront des nappes de filets verticales ou courbées. Peut-être l'homme, disposant d'un matériel nouveau et d'une technique nouvelle, a-t-il voulu imiter les branchages et les fascines immergés, dans l'entremêlement desquels il avait remarqué des poissons retenus. Les barrages constitués de la sorte sont fréquents chez les primitifs.

Les premiers cordages et les premiers filets apparaissent dans les palafittes suisses du lac de Pfaeffikon[1]. Leur substance est le lin, le lin sauvage, *Linum augustifolium*, qui croît encore dans les régions méditerranéennes. Les mailles en sont grandes et carrées; des cailloux faisaient office de plombs; les flotteurs consistaient en fragments d'écorce de pin[2]. Les pêcheurs s'alimentaient du produit de leurs pêches, écrit Déchelette, et leurs filets étaient semblables

1. Déchelette (J.), *op. cit.*, I, p. 581 et sq. — Il y a encore des palafittes. Citons ceux du lac Tonlé-Sap, au Cambolge. Ce lac est cinq fois plus grand que celui de Genève. Il est le centre de grandes pêcheries. Le 1er septembre de chaque année, arrivent environ 30.000 pêcheurs et mercantis, avec femmes et enfants. Ils séjournent dans des villages permanents construits sur pilotis, jusqu'au 15 juin. Engins : hameçons, lignes, filets emmanchés, tramaux, nasses, barrages, carrelets, éperviers, sennes traînées par des barques et longues de 1 à 7 kilomètres, etc. Poissons : aloses, muges, mulets, anchois, ablettes, anguilles, raies, etc. (J. Lebas, Les pêcheries du lac Tonlé Sap, *Annales de Géographie*, XXXIV, 1925, p. 69).

2. Déchelette (J.), *loc. cit.* — Mortillet (G. et A.), *Musée préhistorique*, 2 édit., pl. 67.

aux nôtres. Cette indication est d'une haute valeur. Elle montre que l'homme, après d'inévitables tâtonnements, a trouvé et réalisé sans tarder une méthode de capture des poissons parfaitement adaptée à son objet, partant universelle. Le pêcheur a commencé par tuer les espèces aquatiques, à raison d'un seul individu à la fois. En second lieu, il a su les attirer et les prendre, à raison encore d'un seul individu à la fois. Troisièmement, il les a prises de force et en masse [1].

Ces actes décèlent une grande ingéniosité. Mais, le plus curieux peut-être, c'est que cette ingéniosité est indépendant du degré de civilisation. Nos engins, je le répète à dessein, rappellent essentiellement ceux des Palafitteurs ou des Nagadiens, et telles ou telles peuplades incultes d'Océanie ou d'Afrique construisent des instruments de pêche ou des pirogues que nous pourrions envier. L'homme a fondé l'industrie maritime sur des observations exactes; et il en a tiré mentalement les conséquences immédiates qu'il a mises en pratique. Comme les unes et les autres étaient vraies, les millénaires ont déferlé sans y toucher. Quel magnifique argument en faveur de l'unité et de la pérennité de la logique [2]. Le mot de Port-Royal remonte à notre mémoire : « La plupart des erreurs des hommes viennent moins de ce qu'ils raisonnent mal en partant de principes vrais que de ce qu'ils raisonnent bien en partant de faits inexacts ou douteux. »

Le harpon, l'hameçon, la corde et le filet, en eau douce comme en eau salée, ont donc traversé et traverseront des millénaires; les améliorations passées et futures, incorporées à ces engins, ont été et resteront des détails de fabrication et de manœuvre. C'est là qu'a porté directement, et dans une faible mesure, la différenciation. Cet exposé demande quelques mots de généralisation.

II

Un être, durant son embryogénèse, présente des formes et des structures plus ou moins variées; ses organes aussi [3]. Considéré à

1. Ce sont toujours les mêmes catégories : 1° harpon, foène, etc...; 2° lignes et cordes ; 3° filets dérivants ou filets fixes : sennes, haveneaux, filets bœuf, chaluts à perche, chaluts à panneaux...

2. Cf. Niceforo (A.), *Les indices numériques de la civilisation et du progrès*, in-12, 1921, 211 p. ; passim et p. 31 et sq.

3. Cf. Fauré-Frémiet (E.), *La cinétique du développement, Multiplication cellulaire et croissance*, in-8°, 1925, 335 p. ; notamment p. 7, 8, 23, 231. — Lam-

deux moments très distants l'un de l'autre, il apparaît multiple. Mais, si, au lieu de nous contenter d'observations spatiales, nous embrassons d'un seul regard synthétique tous les états successifs du développement, il apparaît un. Il y a polymorphisme dans l'espace et unité dans le temps ou, plus exactement, dans l'espace-temps. Il est possible de renfermer dans ce cadre biologique l'évolution des objets fabriqués. Pour chacun d'eux existe une organisation dans l'espace-temps, simple ou complexe. Celles des hameçons et des filets sont simples.

Pourquoi ?

D'abord, l'universalité, évoquée plus haut, implique la simplicité, laquelle n'est point synonyme de facilité. Ensuite les conditions de vie dans le milieu aquatique sont plus simples, plus primitives et relativement moins changeantes que sur terre. N'oubliez pas que les poissons, dans leur immense majorité, sont invisibles. Le pêcheur les traque un peu au hasard ; son bras n'obéit point à son œil ; et, quand il lui arrive d'apercevoir sa proie sous quelques brasses d'eau, il doit corriger empiriquement les effets de la réfraction. Enfin, il convient d'avoir toujours présente à l'esprit cette vérité : l'homme, terrien par sa nature biologique et sociale, exerce avec plus d'aisance et d'efficacité son emprise sur la terre que sur la mer où il n'est pas chez lui [1]. Ses aménagements ne dépassent pas le littoral. Privés de leurs attaches côtières, les paquebots les plus robustes, comme les esquifs les plus frêles, sont de misérables choses. Dès lors, l'exploitation d'un domaine étranger et souvent hostile, aussi prodigieusement grand et puissant, impose des procédés simples. Sur l'eau, la vertu de prévoyance est sans emploi : seule, la satisfaction des besoins immédiats a un sens. L'outil de fortune du début, consacré par l'usage, est devenu rapidement l'outil définitif aux mains des pêcheurs, dans les lacs et dans les fleuves, puis en mer. Sa forme et sa fonction, simples toutes les deux, ont été fixées dans l'espace-temps. Fixation forte, profonde, qui *peut-être* se réfère à ce théorème : quand une cause persiste en produisant le même effet, les

bert (R.) et Teissier (G.), **Sur la théorie de la Similitude biologique**, *Annales de Physiologie*, 1927, p. 212.

1. Les tribus passant leur vie entière dans des bateaux sont une exception ; par exemple, les Orang-Badjo des Célèbes. Celles qui vivent plus sur mer que sur terre, une rareté : certains Esquimaux, certains pêcheurs des îles Aléoutiennes, des Kouriles, des îlots coralliens du Pacifique (C. Vallaux, *La Mer*, in-12, 1908, 355 p., p. 4 et sq.).

causes croissent en progression arithmétique et les effets en progression géométrique.

Et voici un corollaire inattendu. Puisque les seuls éléments forme et fonction, ainsi envisagés, ne changent pas ou guère, inexistante est l'Archéologie de la pêche. D'autre part, notre confrère M. Clerc-Rampal, étudiant ici même les lois de la construction des navires, les séries de types réalisés et les principes directeurs de la constitution des Musées de marine, a démontré, par des procédés différents des miens, qu'il n'y avait pas, à proprement parler, d'Archéologie navale [1]. Cette concordance de résultats est intéressante, car elle met en lumière l'uniformité des influences souveraines du milieu aquatique, auxquelles l'homme doit se plier.

III

Après les engins, les bateaux.

Totale est notre ignorance sur la navigation paléolithique. Cependant, l'on peut admettre l'existence de flotteurs à la fin de·cette période. En effet, des amas de coquilles Saint-Jacques se rencontrent dans certaines cavernes, à Baoussé-Roussé notamment. Plus tard, il est vrai, les coquilles Saint-Jacques, les huîtres, les pétoncles, les natices abondent dans les Kjökkenmödding [2]. Or, tous ces mollusques vivent en pleine eau. Comment les préhistoriques les eussent-ils pêchés, s'ils n'avaient pas eu des flotteurs? Et à quoi aurait servi le propulseur dont Piette a exhumé des fragments au Mas d'Azil [3]?

Au Néolithique, en revanche, la navigation est active. Les pirogues circulent sur les rivières, les fleuves, les lacs et sur mer. Les Scandinaves cinglent vers le large et abordent aux Iles Britanniques, ainsi qu'en témoignent la présence, dans les Kjökkenmödding, des restes de poissons pélagiques et l'échange d'objets propres à chacune de ces régions, l'ambre par exemple. L'île d'Elbe et l'île Pianosa sont en relations avec le continent. Selon Déchelette, le cabotage atlantique est d'une pratique courante ; c'est aussi l'opinion de l'illustre auteur de l'*Histoire de la Gaule*, Camille Jullian [4]. A la vérité

1. Clerc-Rampal (G.), *Les lois générales de Construction Navale*, Acad. de Marine, III, 14 mars 1924, 26 p. — Dito, VI, 1927, p. 145-152.
2. Mortillet (G. de), *op. cit., loc. cit.*
3. Piette (A.), *Anthropologie*, XV, 1904, p. 129.
4. Mortillet (G. de), « Origine de la navigation et de la pêche », *Rev. Archéolog.*, XIV, 1866, p. 273. — Nadaillac (A. de), *Les premiers hommes et les temps préhisto-*

il semble que la navigation primitive ait moins concerné la pêche que le transport de matières premières utiles. Dans les palafittes, au surplus, la barque n'était-elle pas l'unique moyen de communication, le prolongement du logis ?

Les pirogues néolithiques ont, en général, été mal conservées. Pourtant, l'on en possède de beaux échantillons de provenances diverses : la Seine à Paris, le Cher, les lacs de Chalain, de Bienne à Möringen; les localités de Robenhausen (fig. 1), de Copenhague, de Galloway, de Glasgow, de Saint-Jean-des-Prés non loin d'Abbeville, du Havre sur l'emplacement du bassin de la Barre, etc... Toutes ces pirogues sont monoxyles, c'est-à-dire creusées à même un tronc d'arbre. Celles de Möringen ressemblent à des auges; les

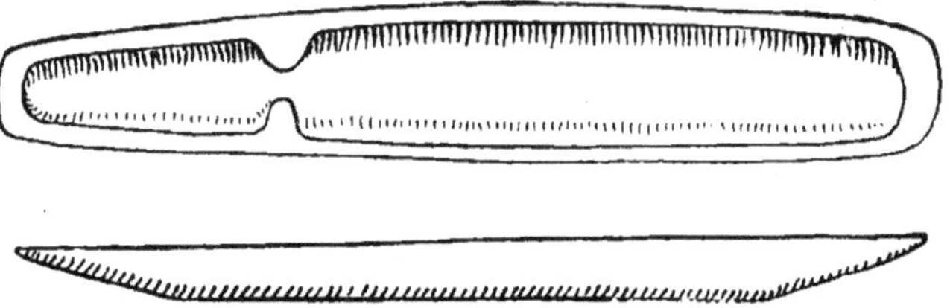

Fig. 1. — Pirogue monoxyle de Rabenhausen, vue d'en haut et de profil.
(Dessin emprunté à G. de Mortillet, *Rev. Archéol.*, 1866, p. 273.)

autres sont effilées; l'exemplaire d'Abbeville a peut-être porté un mât [1].

Il n'est pas certain que la construction monoxyle soit la plus ancienne. En Egypte prédynastique — cinq ou six mille ans avant l'ère chrétienne, donc plus de mille ans avant les palafittes — les barques nagadiennes du Nil et des étangs rappellent des gondoles : ce sont des maisons flottantes où l'on vit. La barque thinite procède de la barque nagadienne; mais, surmontée d'un mât, elle est employée comme navire de charge. Vers la fin de la IIIe dynastie, la barque en planches d'acacia se substitue à la barque en papyrus. La pêche demeure presque exclusivement lacustre et fluviale; elle

riques, 1881, in-8°, t. I, passim. — Déchelette (J.), *op. cit.*, I, p. 368, 540 et sq. — Tabariès de Grandsaigues, *Quelques considérations sur les pirogues monoxyles;* Mém. Ier Congrès préhistoriq. de France, Périgueux, 1905. — Chatellier (P. du), *Les époques préhistoriques et gauloises dans le Finistère*, 2e édit., 1907, passim.

1. Remarquez la persistance des types. Il y avait encore des pirogues monoxyles, en France, sur l'Oise, en 1262 (arrêts du Parlement de Paris, 1262, cité par de Frévrille, in *Mémoires Soc. Antiquaires France*, 3e série, t. II, 1855, p. 87-149).

met en œuvre l'hameçon attaché à une ligne sans manche, les filets (haveneaux et nasses) et le harpon. Notez ceci : les deux premiers genres sont pratiqués par des esclaves; le troisième, beaucoup plus ancien, par des gens de qualité. Les pêcheries du lac Mœris, à elles seules, rapportent près de deux millions de francs.

Quant à la barque marine, elle se construit en planches de sapin. La navigation côtière est, sans exception, commerciale, et les croisières vers Byblos ont pour aliment les transports de sapins et de cèdres du Liban, d'obsidienne et d'encens [1].

Grâce à sa mobilité, la pirogue augmente, en surface et en profondeur, le rayon d'action des engins qu'elle porte et, par conséquent, accroît leur rendement. En second lieu, elle charge et ramène au point d'atterrissage les poissons capturés. Mais, les deux opérations ne sont pas nécessairement liées. Chez les Fuégiens, en effet, la barque de pêche ne navigue pas et reste amarrée à un rocher au moyen de thalles filamenteux d'algues. Elle prolonge les bras des pêcheuses; elle s'ajoute aux engins; elle est, si j'ose ainsi parler, un « surengin ». Pour rendre plus saisissante cette vérité, j'évoquerai une coutume des paysans de Chypre, au XVIIIe siècle — de notre ère, bien entendu. Ils assemblaient en petits radeaux des tiges de fenouil tressées et y attachaient des lignes armées d'hameçons appâtés. Un homme conduisait un train de radeaux le long de la côte. De temps en temps, il relevait les lignes : il paraît que les résultats étaient excellents [2]...

1. Boreux (Ch.), « Études de Nautique égyptienne. L'art de la navigation en Égypte jusqu'à la fin de l'Ancien Empire »; 1er et IIe fascicules; *Mémoires de l'Institut français d'Archéolog. orientale du Caire*, t. L, 1924, p. 1 à 29, 45, 46, 67, 189. — Cf. Esaie, XIX, 8. — Cf. Jal (A.), *Archéologie Navale*, in-4°, 1er vol., 1840, 490 p., premiers mémoires.

L'Amérique (au moment de l'arrivée des Blancs) présente les principaux types de pirogues : 1° Dans les régions arctiques, au-dessus de la limite des arbres, les « Oumiak » et les « Kaïak » sont faites de peaux de phoques montées sur des membrures en os de baleine. 2° Dans la région boréale, où abondent les bouleaux, le canot est fabriqué avec les écorces de cet arbre attachées à une charpente en bois souple. 3° Dans les régions forestières (côtes pacifiques et atlantiques), la pirogue est monoxyle, creusée au feu dans des troncs de cèdres, peupliers, tulipiers, etc. (H. Baulig, *Annales de Géographie*, XVII, 1908, p. 433). — Chez les Péruviens, l'art naval est à peu près nul. La « balsa » est constituée par un ou plusieurs faisceaux de roseaux en forme de fuseau. Le pêcheur monte à cheval sur cette barque rudimentaire et pagaie (H. Beuchat, *Manuel d'Archéologie américaine*, in-8°, 774 p., 1912, p. 651).

2. Duhamel du Monceau, *Traité général des Pesches et histoire des poissons qu'elles fournissent*, 4 vol. in-folio, Paris, 1769 ; vol. I, p. 66.

En somme, on doit présumer que les Préhistoriques ne concevaient pas la pêche autrement. Vous verrez, dans la suite, s'accentuer la différence originelle des deux fonctions : pêche et transport.

CHAPITRE III

Cuivre et Bronze.

La révolution industrielle et commerciale du Néolithique est suivie d'une autre, peut-être plus pénétrante : le traitement des minerais et la technique des métaux. De nouveau, un peu de chronologie s'impose.

En Chaldée et en Egypte, la métallurgie du cuivre, la première de toutes, remonte au début du Ve millénaire et se termine vers le milieu du IVe. Quatre ou cinq siècles plus tard, elle prend naissance en Asie Mineure, en Crète, à Chypre et à Troie et s'étend jusqu'aux environs de l'an 2200. En Europe occidentale, elle éclôt vers 2200 et subsiste près de cinq cents ans. Elle est contemporaine du Minoen moyen de Crète et de l'avènement de la XIIe dynastie pharaonique. Le bronze chaldéen et égyptien succède au cuivre. Il reste d'un usage courant pendant tout le IIIe millénaire et les premiers siècles du IIe. Dans l'Orient méditerranéen, la civilisation du bronze règne dès la fin du IIIe millénaire et s'achève, après la guerre de Troie et avec la destruction de Cnossos en Crète, vers 1100 ou 1090. Elle a vu passer Hammourabi de Babylone (1945), les Hébreux à la recherche de la Terre Promise (1320), les Philistins saccageant Sidon (1209), les héros de l'Iliade, les Phéniciens s'établissant, au delà des Colonnes d'Hercule, à Gadès. En Europe occidentale, elle offre, à deux ou trois siècles près, la même durée et se laisse limiter par deux dates approximatives : 2000 et 900. Enfin, l'âge du Fer se superpose exactement, dans les trois cas considérés, au précédent. Voici quelques grands faits d'avant l'ère chrétienne qui l'illustrent : l'accession de David au trône d'Israël (1050), l'époque d'Homère, la fondation de Marseille par les Phocéens en 600, la destruction de Carthage par les Romains en 146, la conquête de la Gaule par César en 50.

I

Il reste peu d'engins de pêche en cuivre sauf en Égypte[1]. En

1. En Égypte, les hameçons furent d'abord en cuivre (XIIe Dynastie), puis en bronze (XVIIIe Dynastie).

revanche, à côté de vieux types de harpons en cornes de cerf, les nouveaux types de bronze, armés d'une puissante barbelure, apparaissent, et nombreux sont les hameçons, surtout dans les palafittes des lacs du Bourget et de Constance, de Madriaux, de Möringen. Ils dérivent tous des petits silex taillés tardénoisiens que les Néolithiques jadis adoptèrent. D'abord rectilignes et bi-pointus, ils ont vite fait de se recourber. Leur fonction et leur forme générale ne varient pas, mais leur aspect change à cause de la substitution du métal au silex. L'hameçon est maintenant mince, élégant, précis. Tel il est, tel il demeurera. Mettez l'un près de l'autre un hameçon de Möringen et un hameçon d'un de nos pêcheurs à la ligne : vous les confondrez. La plupart sont simples, avec ou sans barbelure; d'autres sont doubles; certains consistent en aiguilles recourbées. A Vallamand, l'engin est suspendu à un fil de bronze en chaînette. Dans les tourbières du lac de Varèse on a découvert des fils de bronze avec quoi l'on faisait les hameçons. Ceux-ci sont donc postérieurs à la technique de la tréfilerie [1].

Mêmes filets qu'au Néolithique, tendus, il est vrai, non plus par des cailloux, mais par des « fusaïoles » en terre cuite. Mêmes bateaux. Même activité maritime.

L'Atlantique reste une grande voie de navigation, et son importance s'accroît parce qu'il baigne les pays producteurs d'étain. L'Armorique équipe une foule de bateaux dont l'image se voit encore sur quelques dolmens du Morbihan, à Kerveresse et Mané-Lud en Locmariaquer, au Petit-Mont dans la commune d'Arzon (fig. 2). Ce sont des canots longs; certains pouvaient avoir un mât et un gouvernail; d'autres, rappelant les barques égyptiennes, sont pourvus d'un château-arrière [2]. Bien qu'ils soient plus petits, ils ont les mêmes caractéristiques que les barques scandinaves gravées aux flancs des rochers du Bohuslan et de Haggeby [3]. Les canots néerlandais ressemblent aux nôtres [4]. Les Ligures de la Gaule (avant qu'elle fût) construisent les leurs avec des peaux cousues [5]. En

1. Déchelette (J.), II, p. 277. — Mortillet (G. de), *Origine de la chasse, de la pêche*, etc., p. 229.

2. Péquart (Marthe et Saint-Just) et Le Rouzic (Z.), *Corpus des signes gravés des monuments mégalithiques du Morbihan*, Paris, 1927, in-8°, 108 p. et 128 planches photogr.

3. Montelius (O.), *Matériaux pour servir à l'histoire de l'homme*, Paris, 1885.

4. Laigue (L. de), Les monuments mégalithiques de la province de Drenthe (Pays-Bas), *L'Anthropologie*, X, 1899, p. 183.

5. Jullian (C.), *Histoire de la Gaule*, I, 1920, p. 110 et sq.

Méditerranée, les barques égéennes sont identiques à celles d'aujourd'hui[1].

Les barques septentrionales transportaient surtout de l'étain de Cornouailles aux Pays Scandinaves, d'où elles revenaient chargées

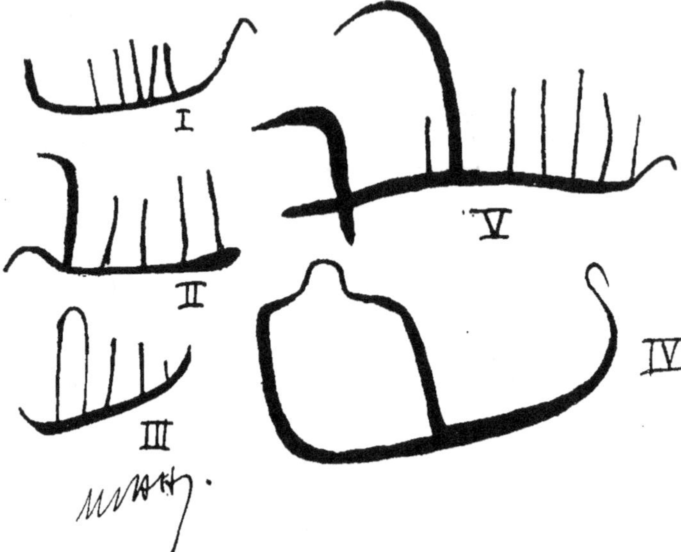

Fig. 2. — Barques figurées sur certains dolmens du Morbihan (d'après Marthe et St-Just Péquart et Zacharie Le Rouzic, *Corpus des signes gravés des monuments mégalithiques du Morbihan*).

I, II, dolmen de Mané-Lud. — III, dolmen de Kerveresse. — IV, dolmen du Petit-Mont. V. dolmen de Mané-Lud.

de cuivre et d'ambre[2], et en Armorique, centre de réception de l'étain pour le Continent[3]. L'on échangeait l'étain et le sel contre les étoffes et les bijoux des palafittes, les perles de verre, etc... Bien avant les Egéens et les Phéniciens, des nefs avaient dû franchir le détroit de Gibraltar et longer les côtes d'Afrique et d'Ibérie[4]. Quant

1. Dussaud (R.), *Les civilisations préhelléniques dans le bassin de la mer Egée*, Paris, 1914, 2e édit., in-8°, 478 p., p. 415 et sq.

2. Déchelette (J.), *op. cit.*, I, p. 622 et sq.

3. Jullian (C.), I, passim.

4. Déchelette (J.), I, p. 622 et sq.; II, p. 28. — Montelius (O.), Zur chronologie des ältesten Bronzezeit in Nord-Deutschland und Scandinavien, *Archiv. f. Anthropol.*, XXV, 1898, p. 443; XXVI, p. 1-459.

à la Méditerranée, elle unissait plutôt qu'elle ne séparait. J'ai déjà parlé du transport des sapins et des cèdres du Liban, d'obsidienne et d'encens de Byblos en Egypte. Voici, pris au hasard parmi les matières premières, des frets égéens et phéniciens : obsidienne de l'île de Milo, blé, céréales, vin, huile, bois, cuirs, cire, saumons et lingots de cuivre de Chypre, de Cilicie et du Kurdistan, étain et ambre venus par voie de terre des régions nordiques, enfin esclaves des deux sexes [1].

De poissons! point ou fort peu [2]; partant, trafic secondaire et insignifiant. Au surplus, la navigation était strictement commerciale en Méditerranée ainsi qu'en Atlantique. Les bateaux cheminaient de promontoires en promontoires, de baies ouvertes en baies ouvertes, de plages en plages. Aucune préoccupation de pêche n'a présidé à l'établissement des comptoirs, des Astypalées et des enceintes retranchées [3].

II

Et cependant, il y avait des pêcheries.

Les vestiges exhumés et les témoignages historiques en font foi : Phoques de l'île de Pharos et de la mer Arabique. Pêcheries du Nil et des lacs d'Égypte, concernant les silures principalement et les esturgeons, avec des lignes sans manche, des haveneaux, des nasses en osier, des sennes, des filets genre épervier [4] et — sans doute pour prendre les poulpes — des gargoulettes. Arètes de poissons du large dans les Kjökkenmödding néolithiques danois. Vertèbres de baleines du même âge à Phaestos en Crète. Figu-

---

1. Ezéchiel, xxvii, vers. 12 et 19. — Dussaud (R.), *op. cit.*, p. 172, 415 et sq. — Bérard (V.), *Les Phéniciens et l'Odyssée*, 2ᵉ édit., 1927, in-8°, 446 pages, in chap. iv, passim. — Boreux (Ch.), *op. cit.*, p. 461 et sq. — Cf. Glotz (G.), *The Ægean civilization* (collect. C. K. Ogden), Londres, 1925, in-8°, p. 189 et sq.

2. Dussaud (R.), *op. cit., loc. cit.* [Mention des transports, par les barques égéennes, de murex (coquillages à pourpre) et de poissons]. — Lindsay (W.-S.), *History of merchant shipping and ancient commerce*, 4 vol. in-8°, Londres, 1874, 1ᵉʳ vol., premiers chapitres.

3. Bérard (V.), *op. cit.*, p. 76 et sq. — Cochet (abbé), *Répertoire archéologique de la Seine-Inférieure*, Rouen, in-4°, 1871. — Roessler (Ch.), *Antiquités nationales, Oppida Caletorum*, in-4°, 1903, passim.

4. Voir p. 15. — Ulysse Aldrovande établit la synonymie : Sturio (Méditerr.-nord) = Suillus = Silluarion (Méditerr.-ouest) = Oxyrinchus (Méditerr.-sud-est) = Esturgeon (Aldrovande (U.), *De Piscibus et de Cetis*, in-fol., Bologne, 1613; art. « Sturio »).

rations de poissons à Mycènes dans les couches du Minoen moyen III (1800 à 1550 avant notre ère). Fresques représentant des dauphins et des daurades à Cnossos au Minoen récent I, des poissons volants à Phylacopi, île de Milo, datant de 1800 [1]. Pêches de baleines par les Tyriens [2]. Pêches des lacs de Tibériade, de Chébron, de Mérom et de Sochni, par les Hébreux, avec des hameçons et des filets, selon les recommandations du Lévitique : « Vous mangerez de tout ce qui a des nageoires et des écailles dans les eaux, soit dans la mer, soit dans les fleuves [3]... ».

Une conclusion très nette, se dégage de ce chapitre. Ce n'est pas le navire de pêche qui a ouvert les premières voies maritimes, c'est le navire de charge [4]. La pêche primitive s'est limitée aux marécages, aux lagunes, étangs, lacs, rivières, fleuves, estuaires, deltas et zones littorales ; elle a rarement atteint les zones hauturières. Elle ne pouvait pas, soit avec des lignes, soit avec des filets traînants, explorer les eaux profondes, à cause de la petitesse relative des nefs et de l'absence évidente d'appareils de levage. Elle répondait à des besoins simples, quotidiens et familiaux qu'il était facile de satisfaire. Quand il s'agit d'aller chercher ou porter de l'étain, du cuivre, des cèdres, il faut bien traverser la mer. Mais, à quoi bon s'aventurer au loin, alors que la matière première se tient presque à portée de la main : poissons sédentaires qu'on retrouve toujours, poissons saisonniers dont on a vite fait de connaître les habitudes, mollusques enfoncés dans le sable ou collés aux rochers? Aussi, hormis des cas spéciaux étudiés plus loin [5], la pêche s'accommode-t-elle d'une technique et d'une organisation très rudimentaires.

Inutile, encore une fois, au pêcheur primitif, l'esprit de prévoyance est indispensable à son voisin le commerçant, dont l'action se déploie en dehors du champ familial. Au cours des âges, le commerce, discernant dans la pêche un élément de travail et de

1. Dussaud (R.), *op. cit.*, p. 37, 98 et sq. — Bury (J.-B.), Cook (S.-A.), Adcock (F.-E.), *The Cambridge ancient History*, vol. I (plates), p. 121.

2. Bochartus, *Opera omnia ;* édit. quarta 1712, III, p. 347.

3. Lévitique, xi, verset 9. — Cf. Livre de Job, xl, 20 (à propos de la description du Léviathan).

4. Cf., notamment, le chap. xxvii tout entier du Livre d'Ezéchiel : le commerce maritime de Tyr y est décrit en détail et avec grande précision ; pas une seule fois il n'y est fait mention de poissons.

5. Voir p. 32 et sq.

profits, s'en saisira. Et c'est dans la mesure où celle-ci sera dominée et organisée par celui-là qu'elle perdra un peu de son imprévoyance native.

Loin de moi la pensée de mettre en parallèle les splendides civilisations méditerranéennes et les manifestations frustes des sauvages. Toutefois, cette précaution prise, il convient de réfléchir sur ces deux faits éthnographiques, choisis entre cent : chez les naturels des îles Salomon[1], il y a des pirogues monoxyles, voire des radeaux, et des grandes pirogues en planches. Les premières sont affectées à la pêche ; les secondes, aux transports de marchandises et de voyageurs. Les Agni, peuplades de la Côte d'Ivoire, possèdent, eux aussi, deux sortes de pirogues. Ils réservent les grandes aux abondantes pêcheries des lagunes et les petites à la pêche en mer plus difficile[2].

N'est-ce point là un schéma qui résume tout le chapitre?

CHAPITRE IV

Poisson — Marchandise.

Selon l'utilisation qu'on en fait, les poissons, du point de vue où nous nous plaçons, se répartissent en deux groupes : ceux que les pêcheurs eux-mêmes où leurs voisins consomment tout de suite, ceux qui sont mis en réserve. De ceux-là je ne parlerai plus ; il importe de nous occuper de ceux-ci.

I

. Au printemps, les indigènes de l'île Sakhaline ramassent les harengs à la pelle sur le rivage. Ils forment alors des ateliers communautaires pour sécher la pêche et accumuler des provisions destinées à la mauvaise saison. Ainsi se comportent à l'égard des saumons, des harengs et des phoques les Haïda des îles de la Reine-Charlotte, les Groënlandais et les Esquimaux du cap Bathurst[3]. Autre exemple, plus complet : Les Ostiaks de l'embouchure de l'Obi,

---

1. « Navigation aux îles Salomon », *L'Anthropologie*, X, p. 492.
2. Delafosse (M.), Les Agni, *L'Anthropologie*, IV, p. 421.
3. Descamp (J.), *op. cit.*

concentrés à Obdorsk, guettent, sous la glace, les bancs de poissons chassés à la mer par les dépôts, dans les eaux basses du fleuve, de sels rougeâtres; au début de l'été, ils en attendent le retour. Ils réalisent des captures supérieures à leurs besoins. L'excédent est conservé et expédié, en une fois, vers l'intérieur par un voilier et deux petits vapeurs russes [1] : c'est une marchandise.

Le végétal et l'animal sont devenus des marchandises, lorsqu'ils ont été assujettis, le premier à la culture, le second à la domestication et à l'élevage. Le poisson de mer, lui, n'est pas si docile. Il ne se livre à nous que par l'antique et toujours jeune procédé de la cueillette ou, plus exactement, du ramassage. Cette technique étant bien appropriée et bien appliquée, il se change en marchandise; mais cela, aux conditions nécessaires et suffisantes que voici : se présenter, dans des lieux connus, en quantités énormes ou bien en petites quantités ayant une grande valeur. Être transportable et transporté soit frais, et, dans ce cas, très rapidement, soit conservé et mis en stocks. Avoir un débouché minimum assuré soit par échange, soit par paiement. Considérez ces données ainsi que les exemples ci-dessus et cherchez-en l'élément dominant : vous verrez que c'est le transport.

Nous sommes armés pour tenter de nouveau une exploration dans le temps.

II

L'Archéologie admet qu'il y a eu, dès le Paléolithique, non point les routes, mais des pistes. Il est impossible d'expliquer autrement la répartition lointaine de certains objets, notamment les haches en silex taillé du Grand-Pressigny, près de Loches, dont la facture spéciale est comme une marque de fabrique, les haches en jade, jadéite, néphridoïde de Bretagne et provenant des Alpes [2]. Au Néolithique, le mouvement commercial a été très actif. Certaines directions ont été suivies et les pistes reconstituées en relevant

---

1. Pohle (R.), *Beitrage z. Kenntnis des westsiberischen Tiefebene : Zeits. Gesell. Ethnograph.*, Berlin, 1918, p. 1; 1919, p. 395-442; 1921, p. 238. — En 1910, une compagnie sibérienne de navigation a été constituée pour desservir les bouches de l'Obi et de l'Yenisséi et l'Europe septentrionale. Dix petits cargos chargeaient du beurre, du lin, du poisson et du chanvre (*Annal. Géogr.*, XXV, 1916, p. 394).

2. Déchelette (J.), I, p. 570.

avec soin les objets perdus durant les parcours. Spiennes, en Belgique, a été un centre de diffusion remarquable [1].

Il ne faut donc pas s'étonner que des produits de la mer aient ainsi cheminé à travers le continent. Ils n'avaient rien de périssable ni d'encombrant, ces produits : c'étaient des coquilles. Dans quel but? La nourriture? Non; la parure. Je suis certain que cela n'a pas été la première manifestation de la coquetterie féminine [2] !

Dans les couches moustiériennes de Gibraltar et de Santander gisent des coquilles de pétoncles, percées [3]. Déjà! Les grottes magdaléniennes de Laugerie-Basse recèlent des colliers de cyprées de la Méditerranée et des coquilles du golfe de Gascogne [4]. Les dames préhistoriques de l'abri sous roche de Lacave (Lot) s'ornaient de turritelles et de vénus [5]. Peut-être leurs époux, plus pratiques, demandaient-ils simplement à ces coquilles aide et protection contre les esprits malins. Voici, à Cro-Magnon, 300 littorines, à Gourdan (Haute-Garonne), 12 espèces océaniques et une espèce méditerranéenne, des cardiums à Toul, des dentales dans le Lot, des littorines, des turritelles océaniques aux Eyzies, mélangées avec des fusus et des pourpres. Voici, à Ez-Lentillères, près de Dijon, un squelette néolithique paré d'un collier de cardiums, des bonnets et des pagnes garnis de coquilles [6]. Il est inutile d'allonger cette liste.

Du reste, les peuplades de la pierre polie ne vont pas tarder à remplacer les mollusques par des nouveautés plus attirantes : verre, écaille, ambre, corail. Et plus tard, au VIIe siècle, les Phéniciens inaugureront un important commerce de tridacnes (bénitiers) gravés et décorés avec art, de la Mésopotamie à l'Espagne [7].

---

1. Münch (E. de), « Considérations sur quelques stations préhistoriques belges, ainsi que sur les réseaux de voies de communication qui ont pu les relier », *Congrès internat. Anthropologie et Archéol. préhist. d'Anvers*, Anvers, 1891, p. 460.

2. Les coquilles-parures ayant été percées sont ainsi marquées de l'empreinte de l'homme. Mais, il est certain que les coquilles ont été utilisées comme outils : truelles, cuillers, vases, couteaux, racloirs, rasoirs, hameçons, monnaies (Cf. G. Renard, Le travail dans la Préhistoire, in collect. *Histoire universelle du Travail*, in-8°, 1927, p. 84. — Frémont (Ch.), *Origine et évolution des outils préhistoriques*, cité par Renard).

3. Fischer (P. H.), *Journal Conchyliologie*, LXV, 1920, p. 319. — Dito, *Ibid.*, LXVII, 1922, p. 160 (fouilles de l'abbé H. Breuil).

4. Fischer (P.), *Bull. Soc. Géolog. France*, 1876, p. 329.

5. Viré (A.), *Anthropologie*, XX, 1909, p. 373.

6. Déchelette (J.), I, p. 176. — Mortillet (G. de), *op. cit.*, p. 279 et sq.

7. Dussaud (R.), *op. cit.*, p. 319.

Je n'ai rien à dire du verre. L'auteur du Périple de la mer Erythrée a transcrit de fréquents envois d'écailles de tortues marines
de Moscha, de Cané, d'Adulis [1]. Je répète que les Scandinaves
néolithiques apportaient de l'ambre en Angleterre. Déchelette
compte, à l'âge du Bronze, quatre « routes de l'ambre » : 1° de la
Baltique à la mer Noire, par la Vistule et le Borysthène ; 2° de
l'Elbe au fond de l'Adriatique et, par les Balkans, à la Grèce ; 3° de
la mer du Nord à la Méditerranée par le Rhin et le Rhône ; 4° le long
du littoral atlantique, jusqu'à Gibraltar [2]. Le corail pénétrait
partout dans le continent, dès le Néolithique [3]. Les Egyptiens en
expédiaient, avec du vin, du blé, du cuivre, des vêtements, à Cané
(aujourd'hui Malalkalleh), en Arabie, et rapportaient, par échange,
de l'encens et des huîtres perlières [4]. Après les conquêtes d'Alexandre, ce fut, au contraire, l'Inde qui, par l'intermédiaire des
Grecs, exporta du corail en Egypte [5].

Les enfilades de coquilles en façon de colliers et d'amulettes
nous ont amenés à la notion concrète du poisson-marchandise.
Laissons-les là, et revenons à la cuisine ou, plutôt, au marché.

CHAPITRE V

Conserves et Transports antiques.

Parmi les ossements de poisson consommés à Baoussé-Roussé il y
avait des vertèbres de saumon dont certaines, enfilées avec des
coquilles de nasses et de cyprées, composaient un collier [6]. Or, cette
espèce n'est pas méditerranéenne. D'où, nécessité de transport.
Comment ? Notre ignorance est totale.

Voici maintenant un document authentique : le bas-relief du tom-

1. Jurien de La Gravière (amiral), *La Marine des Ptolémées et la Marine des
Romains*, II, 214 p., in-16, 1885, chap. v. — Reinaud (M.), « Mémoire sur le périple
de la mer Erythrée... au milieu du IIIe siècle », *Mém. Acad. Inscript.*, XXIV,
1864, p. 225. — Vidal de La Blache (P.), Les voies de commerce dans la « Géographie »
de Ptolémée, *C. R. Acad. Inscriptions et Belles-Lettres*, 4e série, XXIV, 1896,
p. 456-483.
2. Déchelette (J.), *op. cit.*, I, p. 622 et sq.
3. Reinach (S.), Le corail dans l'Antiquité celtique, *Anthropologie*, 1899, p. 677.
4. Jurien de La Gravière (amiral), *op. cit.*, *loc. cit.*
5. Déchelette (J.), II, 3e partie, p. 330.
6. Mortillet (G. de), *op. cit.*, p. 219. — Verneau (R.), *L'homme de la Barma
Grande : Baoussé-Roussé*, 1908.

beau de Méra, à Saqqarah, datant de la VIe dynastie de l'Empire
memphite. Il représente des serviteurs en train de fendre des poissons pour les faire sécher [1] (fig. 3). Il y a lieu de croire que cette
méthode de conservation remonte à un âge beaucoup plus ancien. Les
Nagadiens, race de marins de l'Est, la pratiquaient sans doute et,
après eux, les Horiens, leurs vainqueurs, venus de Mésopotamie. En
tout cas, le témoignage d'Hérodote est net : le peuple égyptien était
gros mangeur de poissons séchés au soleil, salés ou en saumure [2].
Sous Ramsès IV, une colonie d'exploitation, forte de 8.398 esclaves,

Fig. 3. — Égyptiens tranchant des poissons pour la salaison et le séchage.
(Dessin emprunté à A. Lebault, *op. cit.*, p. 21.)

comprenait 200 patrons-pêcheurs, soit près de 2,5 % de l'ef-
fectif [3].

I

Les Phéniciens ravitaillaient les Hébreux en poissons de mer :
thons et maquereaux salés surtout. Les convois partaient de Tyr, de
Joppé (Jaffa), d'Ascalon et de Béryte. Les Tyriens, résidant « à Jérusalem, écrit le prophète Néhémie [4], apportaient du poisson et toutes
sortes d'autres marchandises et ils les vendaient aux Juifs de Jérusalem, le jour du sabbat ». Établis à Gadès et à Cartéia (au nord
d'Algésiras), ils s'emparèrent des pêcheries de la Bétique et se livrè-
rent à un intense commerce, tant sur terre que sur mer, de thons
débités et salés, de spares, de coryphènes et de scorpènes marinés.
Durant les soixante-dix années de leur captivité en Babylonie, les
Juifs séchaient les poissons pris dans l'Euphrate, barbeaux, anguilles,

1. Morgan (J. de), *L'Humanité préhistorique*, in-8°, 1921, 330 p.
2. Hérodote, II, 92.
3. Pierret (P.), *Dictionnaire Archéolog. égyptienne*, 1875 ; art. « Pêche ».
4. Néhémie, XIII, 16. — D'Ascalon et de Joppé à Jérusalem, respectivement 80 et
70 kilomètres. — Cf. Conteneau, *La Civilisation phénicienne*, 1926.

murènes, silures, les pulvérisaient et les servaient, à la mode chaldéenne, sous la forme de pains cuits[1]. A leur retour, ils ne négligèrent pas les vieilles pêcheries du lac de Tibériade, en cette ville, à Capernaoum et à Bethsaïda. Vous vous en souvenez : les trois premiers apôtres choisis par le Christ, Pierre, Jean et Jacques le majeur, étaient des pêcheurs de ce lac et possédaient en commun une barque et des filets que je rangerais volontiers parmi les sennes courtes et hautes[2].

Les Grecs d'Homère avaient préféré la viande au poisson. Plus tard, à l'époque archaïque, il y eut, en Grèce, insuffisance de grains

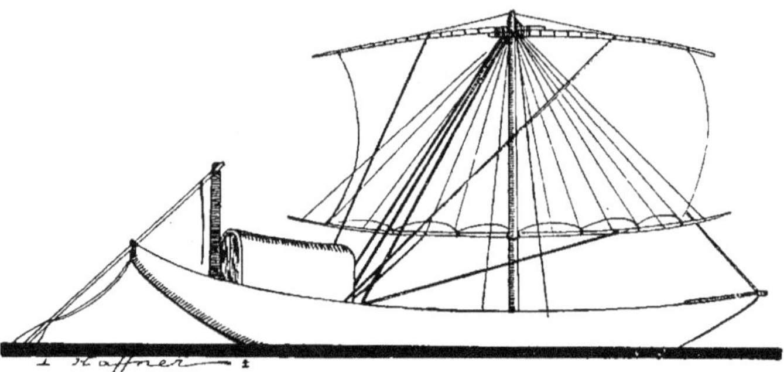

Fig. 4. — Navire de commerce égyptien du IIe millénaire avant l'ère chrétienne.
(Modèle Moyen Empire, d'après Musée d'Antiquités de Leyde.)

et excédent d'huile et de vin. Ce déséquilibre provoqua l'extension du commerce maritime et, en somme, le grand mouvement de colonisation du VIIIe au VIe siècle. « Les Grecs, a-t-on pu dire, se tiennent autour de la Méditerranée comme des grenouilles au bord d'une mare. » La grosse barque homérique est remplacée par un fort bâtiment à voilure énorme, qui jaugera jusqu'à 360 tonneaux. Le poisson est plus recherché que la viande[3].

Le Borysthène, aujourd'hui Dniéper, a été l'une des routes de l'ambre baltique; en outre, à l'époque phénicienne, les bords septentrionaux et orientaux de la mer Noire fournissaient beaucoup de blé,

1. Lebault (A.), *La table et le repas à travers les siècles.* in-8°, 714 p. (référ. : Hérodote, G. Maspéro).

2. Saint Luc, v, 1-11, et xxiv, 13-33.

3. Glotz (G.), « Le Travail dans la Grèce ancienne : histoire économique de la Grèce », in *Hist. universelle du Travail*, dirigée par G. Renard, in-8°, 1920, 468 p., p. 61, 80, 82, 122, 125, 139, 149.

de fourrures et d'esclaves[1]. Il était donc naturel que la mer Noire
fît concurrence au golfe Persique et à la mer Rouge comme route des
Indes. Au fait, dès la chute de Tyr, Nabuchodonosor détourna vers
l'Euphrate le trafic ; mais, celui-ci reprit le chemin de l'Arabie, lorsque Cyrus eut achevé la conquête de Babylone (— 538), et le
chemin de la mer Noire, à la faveur des longs démêlés entre les
Ptolémées et les Séleucides, à compter de — 305. Vingt-six ans
auparavant, Alexandre le Grand avait couronné ses conquêtes par la
fondation, de toutes pièces, de la ville qui porte son nom : Alexandrie.

D'autre part, après les guerres Médiques (— 449), les Grecs, vainqueurs, envahirent et colonisèrent la mer Noire. Ils échangeaient
l'or, le cuivre. le blé, le cuir, la laine contre leurs huiles et leur miel
de l'Attique, leurs riches tissus, et leurs objets d'art.

C'est tout ce commerce maritime de matières premières et de produits manufacturés qui a provoqué un commerce analogue de poissons salés [2].

De Byzance, Cyzique et de Sinople, d'Héraclée, du Palus Méotide
(mer d'Azow actuelle), de Panticapée dans la Chersonèse taurique
(Crimée), l'on expédiait chaque année des pélamydes salées vers la
Grèce et Agrigente. Les thonaires, disposées en chapelet, ceinturaient
la mer Noire et la Méditerranée ; presque toujours la pêcherie était
accompagnée d'une salerie[3]. Les poissons de Scythie étaient salés
ou séchés. Des esturgeons, dits huso, de la Chersonèse taurique, de
l'Ister et du Borysthène on tirait de la colle [4]. Ceux de la Caspienne
étaient tranchés, salés, séchés, la graisse traitée en pâte salée, les
intestins bouillis et transformés en colle : le tout expédié sur des
chameaux à Ecbatane[5]. En plus de la salaison et du séchage, les Anciens
préparaient des conserves à l'huile, au vinaigre et aux aromates ;
leurs produits portaient des « marques » commerciales : congres de

1. Bérard (V.). *op. cit.*. 2e édit., p. 95 et sq.
2. Hérodote. iv. 53. — Elien, xiv, 25-26 ; réf. Noël de La Morinière (S.-B.), *Histoire
générale des pêches anciennes et modernes dans les mers et les fleuves des deux
continents*. Paris, Imp. royale, 1815, in-4º, i-xxii, 428 p., chap. iv. — Jurien de La
Gravière (Amiral), *La Marine des Ptolémées et la marine des Romains*, II, 214 p.,
in-16, 1885 (Périple du Pont Euxin, attribué à Arrien de Nicomédie, gouverneur de
la Cappadoce). — Vidal de La Blache (P.), Les voies de commerce..., *op. cit.*, cartes.
3. Noël de La Morinière (S.-B.), *op. cit.*, à part. de p. 59. — Ezéchiel, déjà, pla-
çait les salines près des pêcheries (Ezéchiel, xlvii, 11).
4. Aristote, *Hist. animal.*, III, 11. — Elien, xiv, 25-26. — U. Aldrovande, *op.
cit.*, décrit et représente les huso comme des esturgeons à tête courte et n'ayant pas
deux rangées de plaques latérales.
5. Elien, xvii, 32.

Sinope, pélamydes de Byzance et de Tarente, thons de Chalcédoine, colias d'Ibérie, squatines de Smyrne, thons de Gadès, thons de la Bétique, thons d'Antibes cités par Martial, coracins du Nil, anguilles du Strymon. Ils n'ignoraient pas les sauces de poisson ; l'une de celles-ci, le garum, était très demandée ; elle consistait en une macération de viscères de picarels et de maquereaux [1].

J'ai insisté à dessein sur les origines et les débuts des modes de conservation et des transports. Par la vertu de ces industries, la pêche a pris une signification économique, une valeur : et le poisson, changé en marchandise, est entré dans le commerce général organisé depuis fort longtemps.

Mais, il restait un stade à franchir : les expéditions de poissons frais — de marée, selon le mot du jour. Il s'agit de maintenir la qualité du produit. Il faut donc raccourcir les distances par la rapidité des envois. Difficile entreprise, car elle suppose un service régulier de navires, une administration et surtout un réseau étendu de bonnes routes. Or, la route n'est pas seulement un des aspects de la civilisation, elle est, écrivent dans leur bel ouvrage MM. Jean Brunhes et Camille Vallaux [2], un fait d'Etat ; sa fin essentielle est politique, et son élément constitutif est la sécurité permanente. La route a été l'ossature de l'Empire romain. Vous en savez assez pour émettre une hypothèse touchant notre sujet et dire : les Romains ont, sans doute, réalisé les premiers transports rapides de marée ! Ce n'est pas une présomption : c'est une certitude.

II

Avant la chute de Carthage (— 146), les Romains ne voyaient dans la pêche qu'une pépinière de marins. Mais, après, le luxe commença de s'introduire dans les mœurs. La Gaule conquise et, plus tard, la *pax romana* établie, la consommation du poisson fut immense. La loi Licinia prescrivait des jours où l'on ne devait manger que du poisson. Des navires légers, affectés aux seuls transports de la marée, faisaient la navette entre Ostie et la Sicile et poursuivaient souvent

---

1. Aldrovande (U.), *op. cit.*, p. 272 (garum piperatum, avec huile, vinaigre et poivre ; garum sociorum ou de Carthagène ; garum flos ou de Silos ; garum de bar de Fréjus, garum de maquereau d'Antibes. — Pline, XXXI, 8-44).

2. Brunhes (J.) et Vallaux (C.), *La Géographie de l'histoire*, in-4°, Paris, 1921, 715 p., p. 22. — Brunhes (J.), *La Géographie humaine, essai de classification positive*, 2ᵉ édit., 1912, 801 p., p. 729.

leur route jusqu'au sud-est de l'Italie. La pêche était effectuée par les esclaves ; le commerce et les transports étaient aux mains de négociants spéciaux [1]. Ne vous étonnez pas de cette navigation accélérée, à l'époque romaine. Le cabotage ordinaire, à la vérité, cheminait avec une prudente lenteur : le voyage de saint Paul, allant, comme prisonnier politique, de Cnide en Asie Mineure à Pouzzoles, dura quatre mois dont trois passés, en escale, à Malte [2]. Mais, nous connaissons avec exactitude l'existence de services rapides : quatre

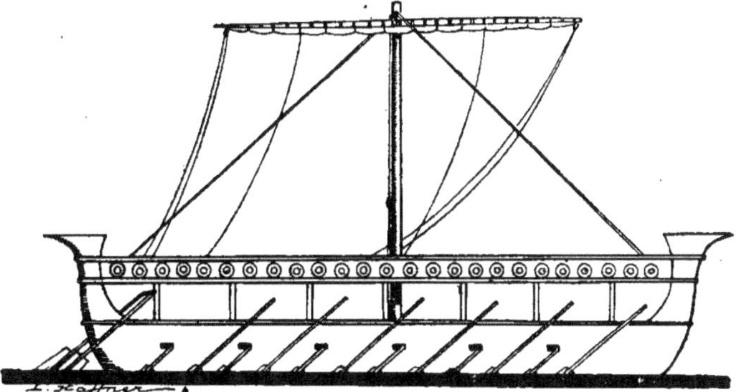

Fig. 5. — Bâtiment de charge côtier présumé phénicien. (Bas-relief du palais de Sennachérib, roi d'Assyrie, 680-667 avant J.-C., qui aurait fait construire de semblables navires par des charpentiers phéniciens — d'après Layard, *Monuments*, in Perrot et Chipiez, III, p. 34-35).

jours de Narbonne à Bizerte, trois jours d'Ostie en Provence, deux jours d'Ostie à la côte africaine, soit 120 à 150 milles en vingt-quatre heures [3].

Il y a plus. Les Romains avaient construit des flottilles de bateaux-réservoirs en relation avec des viviers artificiels aménagés près des ports, à Ostie, à Naples, à Pouzzoles, à Agrigente, etc... A l'arrivée, on lâchait dans ces viviers scares et daurades, congres et murènes, muges céphales, poissons de Syrie, d'Égypte et de Crète [4].

1. Noël de La Morinière (S.-B.), *op. cit.*, chap. viii.
2. Livre des Actes. xxvii, 2 ; xxviii, 31. Ces deux chapitres offrent une description minutieuse, précise et pittoresque de la navigation romaine, en 60 et 61 de l'ère chrétienne.
3. Jullian (C.), V, p. 169.
4. Noël de la Morinière (S.-B.), *loc. pr. cit.* — A noter que, du temps où Térence écrivait « les Adelphes » (en — 160), les viviers étaient d'un usage courant. — Cf. «Bateaux-citernes, du xviiie siècle», in Duhamel du Monceau, *op. cit* , I, planche V;

Tout le monde a entendu parler des festins de Lucullus... Les huîtres venaient de Gaule, où elles étaient cultivées sur tuiles, de la Provence à l'Armorique [1]. Elles étaient recherchées par les gourmets, près de la côte comme à l'intérieur. On a trouvé à Clermont-Ferrand $10m^3$ de coquilles (signification votive peut-être?) Trèves recevait du Médoc les précieux mollusques [2]... Les Anciens savaient les transporter vivants « dans leur eau ».

Au trafic du poisson frais et même vivant s'ajoute, naturellement, celui du poisson conservé, salé, séché ou mariné pour les masses populaires, soit à peu près les mêmes espèces que nous avons énumérées plus haut. Mais, voici un fait nouveau : en Scythie, durant l'hiver, on congelait les poissons en les exposant sur la glace des rivières et des lacs [3]. Le peuple était très friand de viande de phoque salé importé de Germanie et peut-être de Gaule, car il y avait des phoques dans la Manche [4]. La peau de cet animal valait fort cher : sous Dioclétien, 1.500 deniers, alors que celle du lion se vendait 1.000 deniers. Le garum, la laitance, la poutargue figuraient sur les menus des repas. La sardine subissait une préparation compliquée : cuisson à la vapeur, assaisonnement aux épices, conservation à l'huile [5].

Cet exposé permet de définir d'un mot la part qu'a prise l'Empire Romain dans l'évolution de la pêche. Par l'organisation des transports ordinaires, par la création des transports rapides sur mer et sur terre, Rome, parachevant l'œuvre d'un passé plusieurs fois mil-

---

1. Jullian (C.), V, p. 175.

2. *Ibid.*, p. 197. — *Dictionn. Antiquités*, art. Vivarium.

3. Tacite, *De More Germanorum*, cité par Noël, chap. VIII.

Les Anciens savaient que des poissons vivants pris dans la glace et conservés enrobés dans cette glace ne mouraient pas. M. de Bourrau cite, à l'appui, deux vers d'Ovide (Élégie X, livre II des *Tristes*) :

> Vidimus in glacie pisces hacrere ligatos,
> Et pars ex illis tum quoque viva fuit.

4. Renier (L.), « Mélanges épigraphiques ; sur le marbre de Thorigny (Calvados) », *Mém. Soc. Antiq. France*, 3e série, II, 1855, chap. IV (inscription trouvée à Vieux dans laquelle on lit : « Semestris pellem vituli marini... ». Galien recommandait la viande de phoque.

5. Aldrovande (U.), *op. cit.* « Sardinia exossatur et teritur pulegium, cuminum, piperis grana, menta, nuces, mel. Impletur et consuitur ; involuitur in charta et sic supra vaporem ignis in opercula componitur ; conditur ex oleo, carano... » L'auteur cite d'autres aromates : thym, origan, etc... Cette préparation, citée par Aldrovande d'après Apicius, gastronome célèbre du temps d'Auguste et de Tibère, paraît être surtout une recette de cuisine.

lénaire, a doté d'une individualité propre l'industrie et le commerce
des pêches. La différenciation dans le champ technique s'est com-
plétée de la différenciation dans le champ commercial. Et les deux :
tissage, construction et métallurgie d'un côté ; administration, transports et débouchés réguliers de l'autre, appartiennent à des catégories originellement et substantiellement différentes de celles des
pêches. Ce qui revient à dire que ces dernières se sont incorporé
avec lenteur des éléments extérieurs et ont évolué grâce à cette
assimilation.

Sans doute, le poisson, dernier promu au rang de marchandise,
n'est pas inscrit dans les fastes du haut commerce. Vous n'en trou-
verez pas mention sur les listes des objets nécessaires, utiles ou
précieux, publiées par les auteurs des Périples antiques [1]. Mais, dès
que les circonstances s'y prêteront, il est prêt à jouer un rôle de
premier plan.

CHAPITRE VI

Pêcheries et Engins [2].

Dans les trois premiers chapitres, la technique a primé ; dans
les deux autres, elle s'est effacée devant l'économique. Et, en effet,
c'est bien ainsi que se sont présentées les choses à la sagacité
humaine : solutions de problèmes techniques d'abord, de problèmes
économiques ensuite. L'on butte sur la même nécessité à chaque
tournant de l'évolution ; nous en avons des exemples sous les yeux :
chalutage à vapeur avec les chaluts à panneaux, application de ce
mode à la pêche morutière, puis à la pêche harenguière, perfectionnement Vigneron-Dahl...

Il est temps de retourner la médaille dont nous avons examiné
l'avers.

1. Par exemple (au hasard), voyages d'Ophir, voyages de Tarsis, périples de Scy-
lax, du pseudo-Scylax, d'Hannon (cf. St. Gsell, *Hist. anc. Afrique Nord*, livre III,
chap. III), d'Himilcon (Cf. Avienus, Orsae Maritimae), de Pythéas, de Néarque, de la
mer Erythrée, d'Agatharchidès, d'Hippalus, d'Arrien de Nicomédie, etc., etc.

2. Pour tout ce qui concerne la description détaillée et complète des pêcheries
primitives et antiques, il n'est pas de meilleur ouvrage que celui de W. Radcliffe,
Fishing from the earliest times, Londres, in-8°, 1921, 477 p., M. Murray, édit.

I

Une première enquête s'impose : elle a trait à la grandeur du rendement des produits de la mer en fonction de la connaissance précise qu'avaient les Anciens des lieux de pêche.

L'histoire de la pourpre, à cet égard, nous donnera d'utiles indications. La pourpre violette est extraite d'un coquillage gastéropode, le *Murex brandaris* ; la pourpre rouge, pourpre de Sidon et de Tyr, du *Murex trunculus*. Ces mollusques vivaient sur les côtes de Phénicie ; c'est donc là qu'ils ont d'abord été pêchés dans des nasses appâtées et traités dans des chaudières ; et avec quelle ardeur ! Près de Sidon, ils ont laissé des dépôts de 120 mètres de longueur sur 7 à 8 de haut. Les gisements appauvris, il a fallu en chercher d'autres.

On les a trouvés dans l'Archipel, le golfe de Corinthe, le long de la Phocide et de la Béotie, à Cythère, sur les rivages du golfe de Laconie, à Salamine, à l'île Saint-Georges, près d'Athènes. Un véritable armement s'ensuivit. Mais, les saisons favorables à la pêche, fin de l'hiver et début de l'automne, ne correspondent pas avec les périodes régulières de navigation. L'on fut donc obligé de bloquer les deux saisons en une seule campagne et l'on installa des saleries, des fourneaux, des chaudières et des bassines. C'était tout un établissement à terre. L'exploitation, sous l'Empire Romain, s'étendit le long de la côte occidentale d'Afrique jusqu'au Rio de Oro : elle fournissait la pourpre dite de Gétulie. Les pêcheurs allaient travailler à la « pourprière », comme des ouvriers eussent été travailler à la mine[1]. De même, ils allaient travailler aux gisements d'éponges des îles de Symé, aux champs de corail repérés sur le pourtour des grandes îles méditerranéennes et des côtes d'Afrique.

En somme, le terrain de pêche ainsi compris ressortit à la domanialité et implique la maîtrise de la mer, c'est-à-dire la possession effective de points d'appuis sur terre. Témoin les Phocéens de Marseille ; ils exploitaient de grandes pêcheries d'huîtres dans

---

1. Pline, IX, 60-63, 126 ; V, 12. — Gaillardot (C.), « Les Kjökkenmödding et les débris de fabriques de pourpre », *Bull. Soc. Anthropol.*, Paris, 1873, p. 750. — Cf. Dedekind (A.), *Ein Beitrag zur Purpurkunde*, 1898 (principalement mémoire de Bask, reproduit, à partir de p. 217). — Bérard (V.), *op. cit.*, 2ᵉ édit., pp. 194, 407 et sq.; même ouvrage, mais 1ʳᵉ édition, 1902-03, I, p. 427. — Bérard (Armand), « Les conditions des établissements maritimes sur le côté de Provence », *Ann. Géograph.*, XXXVI, 1927, p. 413-435. — Vidal de La Blache (P.), *op. cit.*, cartes et note, p. 461.

l'étang de Berre, de muges en Languedoc, de thons sur la bordure
provençale, de corail aux îles d'Hyères et à Saint-Tropez, de murex
à pourpre en rade de Toulon. Ils gardaient jalousement leur monopole. Voyant celui-ci menacé, ils n'hésitèrent pas à faire la guerre
aux Carthaginois[1], prélude des luttes sanglantes dont le hareng sera
la cause en mer du Nord, au Moyen Age.

Il est évident que les poissons, mobiles, ne se laissent pas enfer-
mer dans des limites aussi étroites. Toutefois, les Anciens arrivè-
rent aisément à « reconnaître » les zones riches. Voulez-vous
quelques exemples ?

Reprenons et complétons la liste des espèces déjà citées : pélamydes de Panticapée et de Byzance, esturgeons du Borysthène et de
la Caspienne, congres de Sinople, colias d'Ibérie, murène multi-
colore de Provence, anguilles de Messine et de Mamerte, espadons
de Sicile ; rougets de Marseille, trachures, daurades, sargues, casta-
gnoles, labres, trigles-hirondelles, surmulets et muges d'Abdère,
d'Egine, de Sinople, de Sciathe, d'Amphipolis, de Thrace, de la côte
occidentale de Sicile, de Phénicie et de la mer de Marmara ; thons
d'Héraclée et de Cyzique, de la mer de Marmara, de Samos, d'Eubée,
de Naxos, d'Argos, de Corinthe, d'Icarie, de Céphalonie, d'Andros, de
Ténos, de Syracuse, de Messine, d'Hyccara et des côtes occidentales
de Sardaigne, de Ligurie, de Provence, etc.[2].

Je terminerai par les pêcheries « prodigieuses » de la Colchide.
Les Grecs étaient venus en ce pays chercher des minerais, des pelleteries, des laines, des aromates et des esclaves. Après quelques
pêches de circonstance, ils furent éblouis par l'extrême richesse de
ces eaux. Beaucoup abandonnèrent la mine-métal pour s'attacher à
la mine-poisson et ils employèrent à cette entreprise des milliers
d'esclaves[3]. Dix siècles peut-être avant qu'on ne soupçonnât les bancs
d'Islande et de Terre-Neuve, on travaillait sur les « bancs » de
Colchide.

Tout autre est la pêche thonière. Aristote pensait que les thons

1. Jullian (C.), I, p. 341, 406, 607.
2. Bérard (Arm.), *op. cit.* (d'après Ausone, Strabon, Dion Cassius, Elien, Pline...).
— La pêche du corail était encore très active à Marseille à la fin du xviie siècle.
(Vide P. Masson, *Les compagnies du Corail*, in-8°, 1908).
3. Noël de La Morinière (S.-B.), *op. cit.,* fin chap. iv. — Saint Jérôme prétend
qu'il y avait, dès l'époque Juive, 153 espèces de poissons comestibles. Retenons,
en tout cas, que celles-ci étaient fort nombreuses (D'après le P. Fournier, *Hydrographie contenant la théorie et la practique de toutes les parties de la Navigation*, in-folio, édit. de 1643, p. 180).

passaient de l'Atlantique dans la Méditerranée, suivaient toutes les côtes ainsi que celles de la mer Noire et, leur migration circulaire finie, retournaient à l'Océan. Bounhiol et Roule ont montré que ces déplacements étaient seulement régionaux. Cependant, un mémoire récent[1] apporte quelques preuves contre cette dernière théorie. Quoi qu'il en soit, il n'est pas indispensable d'équiper à grands frais des flottilles pour aller prendre « chez eux » des poissons, qui viennent eux-mêmes, par vagues successives, s'offrir à la

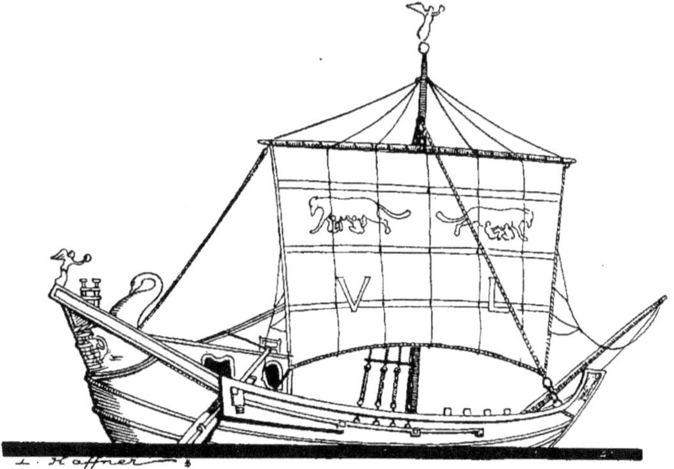

Fig. 6. — Navire de charge romain du IIe siècle avant l'ère chrétienne.
(D'après collection Torlonia.)

capture. Aussi les pêcheries fixes de thons abondent-elles[2]. Les postes-vedettes placés à terre observaient les banquées en mouvement et donnaient aux pêcheurs l'éveil. Aussitôt quatre ou cinq barques montées chacune par douze rameurs se détachaient du rivage pour « reconnaître » la banquée. A Panticapée, l'un des centres de la pêche des pélamydes, on construisit une sorte de forteresse, afin de protéger les pêcheurs contre les pirates. Ainsi feront, aux XVIIe et XVIIIe siècles, les Hollandais aux îles Célèbes pour mettre à l'abri des coups de mains leurs pêcheurs de biches de mer[3].

1. Sella, in *Acad. nazionale dei Lincei*, 16 mai 1926.
2. Voir p. 27.
3. Bérard (V.), *op. cit.*, 2e édit., p. 412.

Les Grecs, du moins pendant les rivalités d'Athènes et de Sparte,
chassaient la baleine. Les habitants du golfe Arabique en mangeaient
la chair ; les gens de Cythère ouvrageaient les fanons[1]. Les marsouins
étaient très recherchés ; les oursins, appréciés ; non moins que les
calmars, les seiches, les moules, les coquilles Saint-Jacques, les
dentales, les homards, les crabes et les langoustes[2].

II

Toutes les espèces nommées au cours de ce chapitre, les Romains
les pêchaient et, en plus, les turbots de Ravenne et de la côte occidentale ibérique, les aloses et les saumons du Guadalquivir ; en
Méditerranée, ils s'acharnaient sur les sardines et les anchois, les
murènes, les mendoles, les ombres et les vives ; ils ne dédaignaient
pas les merlus ni les motelles. Il semble qu'ils n'aient pas importé
de harengs, espèce septentrionale[3]. Un seul empereur, Claude, s'est
passionné pour les choses de la mer. Il avait conçu le dessein de faire
de la mer du Nord une seconde Méditerranée, de se rendre maître des
routes de l'Océan et de s'emparer des miraculeuses pêcheries. L'inscription romaine la plus septentrionale est à Leeuwarden (Frise
néerlandaise)[4]. En fait, la conquête ichthyologique se borna à des
prises de surmulets, de saumons et à la petite pêche littorale.

On me reprocherait de ne point fournir quelques indications sur
les pêches gauloises. Au temps de son indépendance, la Gaule con-
sommait beaucoup de poissons d'eau de mer et d'eau douce, apprê-
tés au sel, au vinaigre et au cumin. Il est évident que d'aussi bons
marins que les Morins, les Santons et surtout les Vénètes se livraient
fructueusement à la pêche ; mais nous n'avons aucun détail concernant l'Atlantique et la Manche[5]. La Gaule soumise et les Vénètes
détruits, les Romains concentrent à Boulogne leur marine. Le cabotage armoricain lui-même disparaît et laisse la place à la petite

1. Strabon, xv, 1055-56 ; xvii, 1185.

2. Guhl (E.) et Koner (W.), *La vie antique; Rome*, I (trad. Riemann), 1885,
p. 338-339. — Lebault (A.), *op. cit.*, p. 82. (Bayonne, à l'époque gallo-romaine, eut un
important marché de langoustes. — Vide C. Jullian, V, p. 198.)

3. Le mot *halex* ou *halecus* (ou bien *alex* et *alecus*), qui, dans les pays septentrionaux, désigne le hareng, s'appliquait, en Méditerranée, à la grosse sardine et
même à l'alose, mais surtout à la mendole (Rondelet, *De Piscibus*, lib. VII,
p. 223 ; lib. V, p. 138, Lyon, 1554).

4. Jullian (C.), IV, 170 ; V, 180.

5. Dito, *ibid.* — Pour la Méditerranée, voir p. 33.

pêche côtière. A celle-ci s'adonnent Boulogne et, à l'est de ce port,
Sangatte, Wissant, Mardyck. Les bateaux cinglent souvent en mer
du Nord vers les côtes de Frise. Il y avait, chez les Morins, de puis-
santes sociétés de saunage — les *salinatores* des Latins — auxquelles s'agrégeaient les entreprises de pêche[1]. Enfin, vous savez
l'importance, en Gaule, de l'industrie ostréicole[2].

III

Des principales pêcheries de l'Antiquité je viens de vous présenter
surtout l'aspect ichthyologique. L'étude est insuffisante et appelle
un complément technique. Cette addition sera aussi brève qu'elle
pourrait être longue : quelques lignes ou un volume, il n'y a pas de
milieu. Mais, à quoi bon accumuler des détails minutieux? Les
bateaux et les engins, dont la conception générale est fixée et les
types sélectionnés, n'offrent que des variétés opportunes. L'étude
nous en échappe[3]. La pêche hauturière et les transports de poissons
conservés utilisent, naturellement, les bateaux à voiles; la pêche
littorale, des barques à rames. Citons, à titre de curiosité, certaines
barques grecques imitant la forme et la couleur des espadrons.

Le fait essentiel qui marque, à ses débuts mêmes, la période antique, c'est le remplacement du bronze par le fer. Remplacement
progressif ménageant de longues transitions, puisque dans des stations datant de la période dite de la Tène I (500 à 300 av. J.-C.), on
a rencontré pêle-mêle des hameçons en bronze — les derniers — et
des hameçons en fer — les premiers. Tous ont la même forme, sauf
un dont la hampe était articulée de façon que la moitié inférieure
munie du crochet pût se rabattre sur l'autre moitié[4]. Les pêcheurs
de la Tène se servaient également de tridents, de 17 à 50 centimè-
tres de longueur, en fer, à douilles et pointes barbelées, emmanchés
chacun sur un bâton[5].

Désormais, les hameçons seront attachés à des crins de cheval et,
dans le cas où les poissons ont la mauvaise habitude de couper le
crin, à des « empiles » de cornes, décrites par Homère, ou à des

1. Dito, v, 130 et sq., 210.
2. Voir p. 30 et 33.
3. Consulter les ouvrages spéciaux, notamment : Jal, *Archéologie navale;* — le
même, *Glossaire nautique*, etc...
4. Mortillet(G. de), *op. cit.*, chap. III. — Voir chronologie du fer, p. 16. A Hercu-
lanum et à Pompéi, on a trouvé ensemble des hameçons en os, en bronze et en fer.
5. Déchelette (J.), II, 3ᵉ partie, p. 1385-86.

chaînettes en fer. Désormais, les filets seront garnis de lièges et de plombs. Telles sont les principales acquisitions nouvelles. En se référant au livre récent de Radcliffe, au mémoire déjà ancien d'Ameilhon, résumé de notions éparses dans Hésiode, Homère, Elien, Oppien, Pline, Ausone et même Théocrite, en se référant enfin à Aldrovande, on peut brosser le tableau suivant [1] :

Harpons, fourches et tridents pour les gros animaux ; hameçons au bout de lignes à mains ou sur des cordes immergées ou sur des lignes dormantes ; sennes de différents genres : sennes littorales manœuvrées par des barques ou des esclaves dans l'eau jusqu'à mi-corps, sennes hauturières longues ou courtes, traînantes ou tournantes, courantilles, filets dérivants en nappes verticales, éperviers ; enfin, gargoulettes, nasses et madragues : tous ces engins et appareils ont été employés par tous les pêcheurs de l'Antiquité : Egyptiens, Egéens, Phéniciens, Juifs, Carthaginois, Grecs, Romains, Ibères, etc... En général, les poissons se prenaient indifféremment avec les lignes ou les filets ; mais, ces derniers donnaient les plus forts rendements. Juvénal dit que le nombre des filets tendus était si considérable que le poisson n'avait plus le temps de grandir [2]. Les premières madragues, construites par les Phéniciens, étaient de joncs tressés ; il semble que les Grecs remplacèrent les claies par des filets disposés en chambres. Les madragues étaient réservées exclusivement aux thons, que, par ailleurs, on prenait aussi avec des hameçons appâtés. Avant d'user des courantilles, les Grecs attrapaient les pélamydes avec des hameçons amorcés et portant une plume d'oiseau pour attirer les poissons. Les sardines et les anchois s'emprisonnaient dans les nasses [3], tandis qu'à la surface de l'eau brillait la flamme d'une torche de sapin trempée dans de la poix.

J'arrête ici l'étude de la pêche antique ou, plutôt, c'est cette pêche elle-même qui s'arrête. L'énorme trafic, auquel elle donnait lieu, avait pour causes primordiales l'agrandissement du monde dû à la politique romaine, l'étendue des voies de communications et la sécurité. Lorsque tout cela s'effondra avec l'Empire, la pêche, comme le reste, s'effondra.

1. Radcliffe, *op. cit.* — Ameilhon, « Recherches sur la pêche des Anciens », *Mémoires de l'Institut National des Sciences et Arts, Littérature et Beaux-Arts*, t. V, An XII, p. 350-415. — Aldrovande (U.), *op. cit.*

2. Juvénal, cité par Noël de La Morinière, *op. cit.*, chap. VIII.

3. « Nassa in mari suspensa, cui inclusa est esca, maza videlicet ex cruis frictis et myrrha vino odorato excepta » (Aldrovande (U.), *op. cit.*, p. 222, d'après Oppien).

SECONDE PARTIE

CHAPITRE PREMIER

Du Sud au Nord.

On attribue à la période des Grandes Invasions les dates extrêmes
de 375 et 476, cette dernière marquant la chute définitive de l'Empire.
Mais, bien avant, dès 259, des pirates saxons, venus des bords de
l'Elbe et du Weser, ravageaient les côtes de la Manche. Aussitôt les
flottes romaines — *classis germanica et classis britannica* — envoyaient
des stationnaires devant les estuaires de la Canche et de la Somme.
Au ivᵉ siècle, des Saxons, originaires de Frise, s'embusquèrent
dans l'Aa, la Colme, les anses et les étangs littoraux de la Flandre.
Attila ne tardera pas à s'avancer jusqu'aux portes de Boulogne. Les
premiers chrétiens sont submergés par le flot des Saxons, puis des
Francs [1]. Que se passe-t-il On ne sait. Une seule certitude surnage :
celle de la destruction universelle. « Tel, dit un écrivain du vᵉ siècle,
qui armait six grands vaisseaux est heureux d'avoir à lui une petite
barque [2]. »

I

Il est probable que des pêcheurs et marins, descendants lointains
de Ligures, de Gaulois-Belges, de Gallo-Romains et descendants
directs des Saxons de la Frise, ont continué, comme ils ont pu, à
exercer leur métier : petite pêche et petit cabotage. Il est même possible que Boulogne soit entrée dans la ligue des cités armoricaines,
cette sorte de Hanse avant la lettre.

1. Hérubel (Marcel), *Le Port de Boulogne*, déjà cité, p. 22; d'après La Roncière
(Ch. de), *Histoire de la Marine Française*, I, p. 68, 69. — Deseille (E.), *L'Année
Boulonnaise*, 1887, p. 429.
2. Cité par Boissonnade (P.), Le Travail dans l'Europe chrétienne du Moyen Age
(vᵉ-ᵉxv siècles), in *Hist. Univ. Travail*, in-8°, Paris, 1921, p. 35.

Ce phénomène est, en Economie maritime, très fréquent : lorsqu'il y a scission entre la côte et l'arrière pays, il se crée entre les ports une association de fait. Et il n'est pas douteux que, durant le haut Moyen Age, Boulogne se trouvait moins loin de Lillebonne que de Thérouanne. Peut-être, simple hypothèse, la pêche l'emportait-elle sur le reste, car elle était encouragée à Boulogne, comme partout, par les nouveaux religieux venus à la suite de saint Colomban. Cette pêche portait sur « la marée », les surmulets, les marsouins, les saumons et les harengs [1]. Au demeurant, aucune organisation commerciale sérieuse ni à Boulogne, ni à Wimille, ni à Sangatte, ni à Wissant. D'autre part, les Romains ayant été amenés à défendre contre les pirates saxons les estuaires, les vallées et les plaines basses, avaient établi à Etaples — alors Quentovic — un poste de stationnaires. Cette position stratégique va se changer, sous Charlemagne, en position économique : pêches, transport d'étain et de laines d'Angleterre.

Du Nord passons au Sud.

Le fond de l'Adriatique est occupé par une côte marécageuse et creusée de lagunes de chaque côté des bouches du Pô, de l'Adige et du Tagliamento. Les Barbares semaient l'épouvante. Ce n'était que massacres, misère, destructions, anarchie. En 452, Aquilée est prise et brûlée par les Huns. Qu'espérer de l'empereur retiré à Byzance et de l'exarque de Ravenne, qui disputait aux rois lombards la possession de l'Italie? Rien. Ce fut une fuite éperdue vers les asiles naturels : les uns se cachaient dans les montagnes, les autres s'isolaient dans les îlots des lagunes. Là il fallut bien vivre. On pêcha. Bientôt se constituèrent soixante-douze petites républiques de pêcheurs, chacune sur son îlot, placées toutes sous la protection nominale de l'exarcat de Ravenne et s'égrenant depuis Comacchio jusque près des ruines d'Aquilée. En 685, les soixante-douze îlots s'unirent en une fédération, à la tête de laquelle ils placèrent un doge. L'on choisit comme siège de la fédération l'îlot le plus grand, le mieux placé, le plus commode. Venise était née. Une des principales voies du monde préhistorique venait d'être retrouvée par des pêcheurs et, par eux, détournée d'Adria et d'Aquilée vers Venise [3].

---

1. Malbrancq, *De Morinis*, III, p. 323, dit : « Potissimum erat in antiquo jure restaurando, quo maritimae paroeciae halecum decimas penderent quotannis. »

2. Hérubel (M.), *op. cit.*, p. 23, 24.

3. Julien de La Gravière (Amiral), *op. cit.*, chap. IV : « Le commerce maritime des Républiques italiennes avant les Croisades », p. 184.

Il m'a paru préférable d'illustrer à l'aide de deux faits historiques la désarticulation de cet immense corps que fut Rome à l'affreuse époque des Invasions, plutôt que de me répandre en généralités.

Certes, par besoin vital, la pêche ne fut jamais complètement délaissée. Il est à présumer qu'elle fut même prospère sous l'empire ostrogoth de Théodoric, puisqu'un code de commerce, dû à Euric, réglait les transactions. Nous savons aussi que des marchands parisiens, contemporains de sainte Geneviève, faisaient quelques voyages en Syrie, à Antioche et à Laodicée [1]. Plus tard, le commerce méditerranéen reprendra sa primauté. Alexandrie et Byzance avaient remplacé les vieilles thalassocraties et, à leur tour, seront remplacées par Gênes et Venise. C'est, en réalité, l'histoire de la marine des Anciens qui se prolonge.

Aussi bien le sujet qui nous retient ici ne trouvera-t-il pas d'aliment nouveau dans le bassin méditerranéen. Il nous faut remonter au Nord. Il est facile de le comprendre.

II

Les pays septentrionaux, tard venus — au xe siècle — à la civilisation, étaient pauvres. Leurs productions, extrêmement étroites à côté des merveilleuses richesses de l'Orient, se réduisaient au cuivre, à l'étain, au plomb, à l'ambre, aux peaux et à la viande salée. Les Frisons, dès le ixe siècle, ayant inventé le large navire ponté nommé *hogge*, accaparèrent tous les transports maritimes depuis la Baltique jusqu'à la Seine. L'Écluse était leur principal centre [2].

Trafic modeste, en somme. Mais, dans les mers septentrionales pullulaient les poissons de tous genres, notamment les innombrables banquées de harengs et de morues [3]. Voilà une inépuisable matière d'échange ; voilà un nouveau moyen d'accroître les provisions de blé et de sel, de se procurer des aromates, des tissus de pourpre et de soie, des vins et de l'huile, des draps et des toiles. N'était-il donc pas normal que les peuples nordiques exploitassent avec ardeur leurs fécondes pêcheries?

Les renseignements, hélas! n'affluent pas.

1. Collection Leber, XV, XVI, 1838, chap. II.

2. Boissonnade (P.), *op. cit.*, p. 138, 139.

3. Cf. Hérubel (M.), *Essai sur une théorie générale des Terrains de pêche* Académie de Marine, II, 1923, p. 111-120. — Cf. Woïkof (S.), « La Géographie de l'Alimentation », in *La Géographie*, XX, 1909, p. 226.

Des tribus entières, en Germanie, vivaient de poissons, de chair de baleine et d'œufs d'oiseaux de mer[1]. Elles envoyaient, je vous le rappelle, de la viande salée de phoque à Rome et pêchaient le hareng qu'elles mangeaient. A l'époque de Pline, les Cauques fabriquaient leurs filets avec des ulves et des joncs de marais[2]. L'île de Rügen était, pour les Slaves, un centre harenguier. Les Scandinaves ramassaient harengs et morues. L'Angleterre possédait quelques stations de pêche à Rutupiae, aujourd'hui Sandwich, à Dubroe, aujourd'hui Douvres, à Portus Lemanis, devenu Lympne, à Anderida, l'actuel Pevensey, prélude de l'institution défensive d'Edouard le Confesseur dite les « Cinq ports ». En 670, il y avait des pêcheries harenguières au nord de la Tamise, le long de l'Essex et du Suffolk, contrôlées par l'abbaye de Barking[3]. Dion Cassius nous apprend que les Écossais primitifs ne mangeaient pas de poissons de mer. Il semble que les esclaves seuls pêchèrent les premiers. En tout cas, ce fut sous l'impulsion de Wilfred, évêque d'York en 578, que la pêche prit son essor. Dès 709, le monastère d'Evesham édicta un règlement sur le hareng. Quelques années après, nouveau règlement — du roi, celui-là — sur la protection du frai et des alevins de saumons. Les étrangers achetaient cette espèce appréciée avec des étoffes et des épices[4].

Voici quelques dates relatives à des pêcheries bien connues et d'une exploitation lucrative[5] : 670, les religieux de Jumièges reçoivent de Bordeaux, par mer, des tonneaux d'huile de cétacés, ce qui fait supposer que des pêcheries de baleines existaient dans le golfe de Gascogne; 735, pêcheries de harengs installées par l'abbaye de Saint-Wandrille dans l'estuaire de la Béthune, près de Dieppe; 875, baleines le long des côtes de la Manche; 888, morues et harengs autour d'Helgoland (pêcheurs scandinaves); courant du IXe siècle, plies dans la Manche (pêcheurs français); fin IXe siècle, congres sur

---

1. César, IV. — Tacite, *De Moribus Germanorum*, XVII.
2. Pline, XVI, 1.
3. Caux (H.), *The herring and the herring fisheries*, Londres, 1881.
4. Bede, *Ecclesiast. Histor. gentis Anglorum*, IV, 14. — Noël de La Morinière (S.-B.), *op. cit.*, chap. VIII.
5. Fréville (E. de), *Mémoire sur le commerce maritime de Rouen, depuis les temps les plus reculés jusqu'à la fin du XVIe siècle*, 2 vol. in-8°, 1857, I, p. 160 et 174. — Deseille (E.), *Etudes sur l'origine de la pêche à Boulogne-sur-Mer (932-1550)*, in-8°, 1874. — Noël de La Morinière (S.-B.), *op. cit.*, VIII. — Roy (M.), « Rapport sur la pêche dans la mer du Nord », *Bull. Enseignement professionn. et techn. Pêches Maritimes*, XIV, 1909, p. 401-543. — Lebault (A.), *op. cit.*

les côtes de Bretagne (pêcheurs bretons et basques); 938, marée
pêchée avec le « Wade », filet traînant à poche d'origine danoise et
germanique, au large du comté de Boulogne; 966, harengs et raies
devant les domaines de l'abbaye de Barton; 979, marsouins en baie
de Seine (pêcheurs normands); 999, baleines dans le golfe de Gascogne (pêcheurs basques); courant des xe et xie siècles, pêche littorale active en France et aménagement sommaire, dans la zone de
balancement des marées, de bassins (piscariae), où l'on cueillait les
poissons entrés avec le flux.

En regard de cette chronologie de pêche, plaçons celle de quelques
grandes randonnées atlantiques[1] : Découverte de l'Islande vers 795
et « reconnaissance » de la même île, en 861, par le pilote norvégien
Naddod. Découverte du Groënland, en 874, par Günnbjörn et redé-
couverte de la même terre par Erik le Rouge en 982, enfin établissement d'un évêché à Gardar en 1000. Vers 900, périple d'Other, délégué
du roi anglo-saxon Alfred en Laponie, au sujet du tribut payé par les
Lapons en nature : fanons de baleine et cordes de peaux de phoques.
Découverte, en 999 ou 1000, de la côte *nord-américaine* par Leif
Eriksson, fils d'Erik le Rouge, et colonisation de cette côte en 1003.

Cela suffit, n'est-ce pas? à mettre en évidence ces deux vérités :
1° En dépit des lointaines explorations, d'ailleurs peu divulguées, qui,
aux abords du xe siècle, avaient élargi l'horizon océanique, la pêche,
très active à cause de la grande richesse des eaux, des besoins de
l'alimentation et du commerce d'échanges, était limitée aux domaines
côtier et hauturier. 2° Elle présentait une organisation technique et
commerciale rudimentaire et fragmentée, mais indéniable. Que
cette organisation vienne à s'étendre et tout à la fois se préciser et
se cristalliser, la pêche acquerra, dans l'économie du monde septentrional, le premier rang.

1. Beuchat (H.), *Manuel d'Archéologie américaine.* 1912, p. 14. — Reste (Bernard de), *Histoire des pêches, des découvertes et des établissemens des Hollandais dans les mers du Nord;* ouvrage traduit du hollandais, 3 vol. in-8°, Paris,
1791 (Bibliot. Sorbonne). — *Scripta historica Islandorum de rebus gestis vete-
rum Borealium,* latine reddita et apparatu critico instrumenta, curante Soc. Reg.
Antiquariorum Septentrionalium, Haffniae, 1828, 11 vol. in-16 (Bibliot. Service
Hydrograph. de la Marine). — Langebek, *Scriptores rerum danicarum medii
aevi,* II, 111. — Jélie (abbé), *Congrès Scient. internat. catholiques,* 1891, p. 170 et
1894, p. 391. — O'Gorman, « Catholic University, Washington », I, 3 (d'après *Le
canoniste contemporain,* 1920). — Zimmermann (M.), « Les anciennes colonies
normandes du Gröenland, d'après les dernières recherches des Danois », *Annales
de Géographie,* XXXV, 1926, p. 58.

CHAPITRE II

Poissons et Commerce médiéval.

Le Moyen Age a consommé des masses énormes de poissons de mer et d'eau douce. La production de ces derniers était beaucoup plus intense que de nos jours. L'on salait les brochets, les carpes, les perches et les truites. En France et en Angleterre, les propriétaires de tronçons de rivières et de ruisseaux exigeaient que leurs locations fussent payées en anguilles. Ces mêmes poissons étaient pêchés au XIe, salés au XIVe. Les Écossais, les Slaves, les Islandais s'en abstenaient. Les espèces du Danube étaient réparties en Allemagne, celles de la Galice et des Asturies étaient portées aux marchés de la Castille[1].

I

L'Église recommandait la chair de poisson et l'autorisait durant le Carême, y compris la chair de baleine, à l'exclusion de celle du phoque et du marsouin. Et, joignant l'exemple à la parole, elle encouragea effectivement la pêche : certains monastères allaient jusqu'à fabriquer des filets. Du VIIe au Xe siècle, le poisson entra partout, pour une large part, dans l'alimentation populaire, même à la campagne, hareng salé, thon salé, viande de baleine et de marsouin salée. Les privilégiés se réservaient les lottes, les homards et les saumons[2].

Les Parisiens avaient l'habitude de manger du marsouin sous les noms de « craspois » ou de « poisson à lard ». Les Rouennais, qui détenaient le monopole des transports des vins, en expédiaient à l'état sec ou salé à Londres, dès 979. En Écosse, douze saumons valaient cent livres de craspois. Les Basques salaient des quartiers de baleine dont ils approvisionnaient les armées et les équipages. A Rouen et à Paris, des artisans ouvrageaient les fanons. L'huile servait au graissage, à l'éclairage et à l'entretien du luminaire des églises[3].

1. Noël de La Morinière (S.-B.), *op. cit.*, IIe part., ch. IV.
2. Boissonnade (P.), *op. cit.*, p. 91, 124.
3. Héruhel (Marcel), *Le Port de Honfleur*, 1926, p. 21. — Savary des Bruslons (L.), *Dictionnaire du Commerce*, in-folio, 1741, II, art. « Baleine ».

Les antiques procédés de pêche n'avaient pas changé. Cependant, les Germains y avaient introduit un perfectionnement : ils lançaient le harpon avec une baliste[1]. Les Normands capturaient les marsouins dans des madraques appelées « vasces ». De tels appareils étaient mouillés devant Le Tréport, à Quillebeuf et à Conteville, à Dives et à Port-en-Bessin, à Créances et à Pirou sur la côte occidentale du Cotentin. Les pêcheurs de cétacés s'étaient groupés en une corporation de « Whalmans », dite « Societas Whalmanorum[2] ». Mais, il est probable que les premiers pêcheurs de baleines organisés furent les Basques, sans doute au VIIe siècle, sûrement au Xe.

Après les mammifères marins, les poissons.

Les raies sont très demandées en Angleterre et en France; des marchands en vendaient à Paris, ainsi qu'en témoigne les Ordonnances royales de 1350 et 1366 sur les « raies pocheteaux de la Vendée ». Les moines de Beauport, près de Paimpol, en 1205, ont des pêcheries dans la baie de Saint-Brieuc, à Ploubanalec et à Perros-Guirrec. Les ducs de Bretagne en possèdent de fort importantes à Saint-Mathieu, exploitées par les Bretons et les Basques. De Pâques à la Saint-Michel, on y prenait des congres et des merlus, ces merlus qui feront la fortune de Penmar'ch et de Saint-Guénolé. Congres et merlus sont transportés et livrés à la vente en Bretagne et dans le Pays basque, après avoir été séchés : «..... siccariam congrorum et merlucciorum[3] ».

Citons d'autres lieux de pêche très fréquentés : baie du Mont-Saint-Michel, autour de Jersey, en rade de Southampton et le long du Sussex. Dieppe, au XIIe siècle, se spécialise dans la pêche des maquereaux; elle les sale, ainsi que les merlans, et expédie le tout à Rouen et à Paris. A la fin du XIIIe siècle, des charrettes jettent sur le carreau des halles les plies des bancs des Flandres dont la capitale est friande. Les riverains de la Seine, entre Honfleur et Rouen, salent la lamproie. L'esturgeon est soumis à un droit régalien. En France, la pêche du saumon est libre. La Provence et le Languedoc et tout le littoral méditerranéen abandonnent la pêche de l'espadon, mais continuent celles du thon et de la sardine, dont les Espagnols de Galice extraient, en 1236, l'huile.

---

1. Albert le Grand, *De animalibus*, p. 451 (« ... ictu fortissimae baliste sibi (ceto) infigitur ».

2. Noël de La Morinière (S.-B.), *op. cit.*, p. 235. — Cf. Hérubel, *Port-Honfleur*, p. 21.

3. Du Cange, *Glossarium novum ad scriptores medii aevi*, Supplem., III, p. 790.

La sardine, dans les ports flamands, picards et normands, s'appelle célan ou célerin[1]. Le « Livre des Métiers » d'Étienne Boileau, rédigé de 1261 à 1271 et qui reproduit des ordonnances de saint Louis, antérieures à ces dates, s'exprime, au titre CI, en ces termes : « La charretée de harenc frès doit... et harenc célerin ne doit point de coustume. » De la Bretagne au Pays basque et même en Angleterre, le seul nom de sardine est employé. La Rochelle, à compter du Xe siècle, devient un centre de pêche et de salaison.

Tel qu'il est, cet exposé suffit à donner une idée de la production poissonnière et du mouvement d'affaires qu'elle provoque. Il importe maintenant d'étudier de plus près celui-ci.

II

Le commerce de gros du haut Moyen Age ne portait que sur un petit nombre de marchandises de luxe ou de première nécessité : vins, métaux, sels, poissons de mer frais, mais surtout séchés et salés; ces derniers, transportés par des chalands de rivière des points d'expédition aux points d'emmagasinage. Et la plupart du temps, les bateliers étaient les propriétaires des celliers. Puis, les nouvelles — et dernières — invasions déferlèrent sur la France. Normands, Hongrois et Sarrasins ne mirent un frein à leur fureur que le jour où ils n'eurent plus rien à détruire. Une épouvantable anarchie en résulta.

Au XIe siècle, la sécurité à peu près rétablie, le commerce peut reprendre et parfaire son organisation de transports et de ventes. Les marchands sédentaires se multiplient. Les foires et marchés sont restaurés : foire du Lendit, jadis fondée par Dagobert en 629; foires de Champagne et de Brie où s'étalaient les produits les plus variés en provenance des pays du Nord, de l'Est, du Midi et de l'Orient; institution des foires de Beaucaire, de Bruges, de Saint-Romain à Rouen, de Guibray à Falaise, de Lessay, du Puy, etc. La marchandise cheminait couverte par des « lettres de Sauveté ». Les routes sont remises en état, et Beaumanoir, dans sa « Coutume du Beauvaisis » en fera la classification : anciennes routes impériales de 64 pieds de large, grandes routes de 32 pieds, voies de 16 pieds, routes charretières de 8 pieds, enfin sentiers de 4 pieds.

---

1. Cligny (A.), « Sardines et pseudo-sardines », *Bull. Enseignement profess. et technique Pêches Maritimes*, XVIII, 1913, p. 281-390 (notamment p. 287, 288, 291).

Au début du xiie siècle, la « Confrérie des Marchands de l'Eau »
est instituée. Puis, ce sera le tour de celle des « Frères Pon-
tifes [1]... ». Tout cet organisme commercial n'a pas été conçu ni
réalisé, il s'en faut, pour la pêche — témoin les foires de Bruges
où le monde entier, alors connu, expédiait des produits et qui
n'offrait qu'un seul étalage de harengs salés — mais, le trafic
poissonnier en a profité. Au début au xiiie siècle, apparaissent les
« chasse-marée... ».

A Paris et dans les grandes villes, les « vendeurs de poissons de

Fig. 7. — Nef des xiie-xiiie siècles. (D'après type Kagge Hanseate).

mer » et les « poissonniers d'eau douce » forment deux corporations
distinctes. La première se subdivise en cinq spécialités : compteurs-
déchargeurs de marée, chasse-marée, étaliers et revendeurs (aux
halles seulement), marchands ambulants, poissonniers et harengers
(en boutique, gros et détail).

III

Un coup d'œil jeté sur le commerce boulonnais va donner un

1. Levasseur (E.), *Histoire du commerce de la France*, I, in-8°, 604 p., Paris,
1911. — Pigeonneau (V.), *Histoire du commerce de la France*, I, in-8°, Paris,
1885, passim. — Flach (J.), *L'origine historique de l'habitation et des lieux habités
en France*, in-4°, 1899, 100 p. — Lebault (A.), *op. cit.*, p. 328.

peu de vie à cet ensemble de faits ; et ce qui est vrai de Boulogne l'est de Calais [1].

En 1162, le hareng devient une monnaie d'échange. La charte de 1203 accorde à l'Echevinage la direction du commerce du poisson et reconnaît l' « hôtage ». On désigne ainsi un contrat irrévocable passé entre un bourgeois de la ville et un patron de pêche. L'hôte-bourgeois avance les sommes nécessaires à la construction et à l'armement du bateau. Il touche, comme rémunération de ses soins, un sol par livre de harengs vendus. Le patron de pêche, appelé hôte-marinier, et les engins ont droit chacun à une part, les matelots à chacun une part également. Les bateaux-harenguiers jaugent de de 12 à 15 tonneaux et ont un équipage de 7 à 8 hommes.

Le poisson, aussitôt débarqué, est vendu par l'hôte-marinier, en présence d'un échevin, qui procède aux enchères en commençant par les mises les plus élevées et adjuge. Deux groupes d'acheteurs se présentent : les négociants-expéditeurs et saleurs, tous obligatoirement bourgeois de Boulogne, et les marchands forains de Picardie ou d'ailleurs. Les premiers expédient le poisson frais, salé ou saur en Flandre, en Champagne, en Provence, en Italie, en Bourgogne, en Lorraine, à Paris, à Orléans, dans le Centre de la France, en Espagne et jusqu'en Portugal. Le paiement s'effectue par lettres de crédit. Vaste est l'aire de distribution, et voici qui est plus remarquable : En Champagne, en Bourgogne et, en général, dans tous les pays à vignobles, les négociants, après avoir vendu leurs poissons, achètent des barriques de vins et d'eau-de-vie qu'ils ramènent à Boulogne et expédient en Angleterre. Les paiements peuvent encore se faire, lorsqu'il y a des tiers, par la remise aux vignerons des lettres de crédit souscrites aux poissonniers. Quant aux marchands forains, ils concentrent le poisson à Saint-Omer, où ils vendent à tous ceux qui viennent s'y approvisionner. De ce magasin central rayonnent les convois dans les directions que vous connaissez. Quelques marchands boulonnais vendent directement à la clientèle : tel le nommé Bernier qui, en 1154, obtient une place dans un marché de Paris relevant de l'abbesse de Montmartre.

La marée est transportée dans des bourriches percées de trous et accrochées de chaque côté de la selle. Les salaisons et les harengs

---

1. **Voir** Hérubel (M.), *Le Port de Boulogne-sur-Mer*, p. 26, 27, 28 et 29, en y comprenant les références en bas de pages.

saurs sont entassés dans des charrettes que traînent « des chevaulx » ou des mulets du Languedoc. Sur les fleuves, Loire, Saône et Rhône, on emploie des gabares.

Nous sommes mal informés des quantités expédiées[1]. Il est cependant possible de fournir, pour le hareng, un ordre de grandeur, calculé d'après certains achats — ceux de la comtesse de Boulogne, par exemple, qui portaient sur 150.000 à 200.000 harengs — et d'après les pêches faites à Calais. On trouve 8 à 12 millions de harengs. Les prix oscillent entre 10 sous et 16 sous le cent.

Des deux modes d'activité étudiés : pêche et commerce du poisson, lequel est le plus remarquable? Vous avez déjà répondu : c'est le commerce. Oui, le commerce domine la pêche. Cette vérité est l'aboutissement logique de ce stade embryologique de Boulogne. La fonction de passage — la millénaire fonction de passage du Continent à la Grande-Bretagne, l'antique voie des empereurs et des légions romaines, des négociants et des voyageurs — est arrêtée. Mais, tout subsiste de ses organes : les routes, legs du passé; les chevaux, produits du sol; une forte population de marins et d'hommes d'affaires. Dès lors, la fonction pêche-commerce s'installe dans ces organes. Le chemin des voyageurs devient le « chemin poissonnier ».

Avec d'autres exemples nous aboutirons aux mêmes conclusions générales.

IV

En dépit du rattachement de la Normandie à la Couronne de France, en 1204, Rouen sait garder sa fonction de chantier naval et d'arsenal de toute la province et maintenir sa suprématie : elle commande l'estuaire de la Seine[2]. Le vieux port d'Harfleur, le jeune port de Honfleur, aux XIIe et XIIIe siècles, vivent sous sa dépendance. Dieppe et les petites stations disséminées de la Picardie au Cotentin ont leur centre d'attraction à Rouen. Il est certain que

---

1. Faut-il rappeler que le hareng était de consommation courante dans les monastères et les armées? Le duc de Bedford avait envoyé de Paris trois cents charrettes de munitions et de harengs saurs pour ravitailler l'armée anglaise assiégeant Orléans (Journée des Harengs, 12 février 1429). Faut-il rappeler la « procession des harengs » à Reims? La complainte populaire dédiée à « Sainct Harenc, glorieulx martyr »?

2. Voir Hérubel (M.), *Le Port de Honfleur*, p. 18, 20, 21, en y comprenant les références en bas de pages.

la pêche n'a jamais été, à Honfleur pas plus qu'à Harfleur, l'industrie dominante. Le poisson y est moins un objet de capture qu'un fret. Les harengs, au XIIe siècle, se prennent jusqu'au niveau de Quillebeuf, voire de Caudebec. Dieppe et les annexes de l'abbaye de Saint-Wandrille, établies à l'embouchure de la Béthune, les salent en barils et, par Honfleur, en transportent de grosses cargaisons à Rouen. De là, les nautes les dirigent vers Paris. Rouen transite aussi des harengs de Flandre, d'Angleterre et de Hollande. Comme Boulogne, elle ravitaille le Midi de la France et l'Espagne. Et cependant, la « harenghison » ne s'arrêtait pas à la baie du Mont-Saint-Michel; elle s'étendait à la Bretagne et même, d'après les « Actes d'Oléron », au sud de la Loire.

Le cardinal d'Aragon, qui visita Rouen en 1517, s'émerveillait des débarquements incessants de poissons de rivière et de mer : éperlans, esturgeons, aloses, truites des Andelys, anguilles de la Marne, saumons d'Angers, aloses de Bordeaux, poissons plats de La Rochelle, juliennes et congres de Guernesey, saumons salés d'Écosse, merlus des Biscayes, huîtres et harengs d'Allemagne et d'Irlande. Les poissons communs composaient le fond de l'alimentation populaire [1].

J'ai essayé de définir la pêche et son organisation commerciale considérée en elle-même et dans ses rapports avec le commerce général. Vous avez assisté au rattachement de l'une et de l'autre au système corporatif, qui était de rigueur au Moyen Age. Mais, quelque grandes et étendues qu'elles fussent, elles ne se sont révélées à vos yeux que dans le cadre du pays et de la région. Il vous faut connaître le cadre international, je veux dire la Ligue Hanséatique ou, d'un mot, la Hanse.

---

1. Levainville (J.), *Rouen, étude d'une agglomération urbaine*, in-8°, 1913, 418 p. p. 271 et sq. (d'après Pastor, de Fréville, Chéruel).

CHAPITRE III

La Hanse.

La conversion des peuples scandinaves au Christianisme, à la fin
du xe siècle, puis des Polonais et des Russes de la Baltique
provoque un nouvel essor des pêches en général, de la pêche
harenguière en particulier [1].

I

Dès 1080, les flottilles danoises et allemandes cinglent, en
novembre, vers les côtes de Poméranie et se rassemblent à Rügen.
Les flottilles norvégiennes se dispersent entre Tonsberg, situé à
l'orée du fjord d'Oslö (Christiania), et Trondhjem. Le Bohusland,
dans le Sund, est le grand centre du commerce harenguier. A
peine née, Copenhague arme pour le hareng. Les Scandinaves
font venir leur sel de Brême. Les Suédois ne s'adonnent sérieuse-
ment à la pêche qu'en 1284. Lübeck envoie ses navires à Rügen;
Hambourg dirige les siens vers la Scanie.

Avant le xiie siècle, les Hollandais, encore mal assis dans leurs
marécages, demandent leur hareng à l'Écosse. Mais, leur protection
assurée par des digues, ils se mettent avec ardeur au travail. Ils
installent leurs premières stations à Brillé et à Zierickzee. Ils
tendent leurs filets dans les estuaires de la Meuse et de l'Escaut,
sur la côte ouest d'Écosse et dans les eaux norvégiennes. Enkhuizen
détrône Brille et Zierickzee. A peine fondées, Rotterdam et Amsterdam, Schiedam, Vlardingen, Delishavn, Malflandshuis se mettent
à exploiter le hareng. La pêche commence fin juin au nord des
Shetland : ce sont les « harengs de la Saint-Jean » ; du 24 juillet au
24 août, on sale les « harengs de Saint-Jacques », qui précèdent le
contingent des « harengs de Saint-Barthélemy » (24 août-14 septembre). Les « harengs de la Croix » clôturent la saison (14 septem-
bre-1er janvier). En 1271, il se forme une association de marchands

1. Caux (H.), *The herring and the herring fisheries*, déjà cité. — Hérubel
(Marcel), *Pêches Maritimes d'autrefois et d'aujourd'hui*, déjà cité, chap. vi, IIe part.
— Noël de La Morinière (S.-B.), *op. cit.*, IIe part., chap. iii. — Roy (E.), Rapport
sur la pêche dans la mer du Nord, *Bull. Enseignement profess. et technique
Pêches Marit.*, XIV, 1909, p. 401-543. — Reste (B. de), *op. cit.*, I, chap. xiv.

à Middelbourg. Les harengs hollandais sont portés et vendus à L'Écluse et à Bruges.

Le hareng de Flandre, originaire de la mer du Nord, est débarqué à Nieuport, à L'Écluse, à Ostende, avec celui de Dunkerque et de Gravelines, et entreposé à Bruges et à Malines.

Sous les rois Alfred et Canut, Norwich, sur la rivière de l'Yare, est l'unique marché harenguier d'Angleterre. Mais, des bancs de sable se déposent dans l'estuaire de l'Yare. Heureusement, ils se fixent. Les pêcheurs de Norwich prennent l'habitude d'y aborder ; les marchands les suivent. Ainsi prend corps Yarmouth, sous Guillaume le Conquérant. Bientôt le port compte 70 négociants expéditeurs. Durant des siècles, il sera le premier marché harenguier du royaume, laissant derrière lui Gorleston, Whitby, Reppes, Thanet. A la fin du xiiie, plus de 700 buyses de Flandre, de Hollande, de Frise et d'Allemagne, de Norvège, de Normandie et du comté de Boulogne pêchent dans le secteur de Yarmouth. Les Anglais s'empressent d'instituer une foire libre, une free-fair, ouverte de la Saint-Michel à la Saint-Martin. Les Allemand y délèguent des baillis[1]. Au xive siècle, les pêcheurs britanniques travaillent dans la Baltique. Les « trêves pescheresses » datent de cette époque : elles assurent aux marins-pêcheurs des Etats belligérants la neutralité ; durant la trêve, harenguiers français et anglais « ne se guerroyent pas », écrit Froissart[2].

Sur le côté occidentale d'Écosse, le Loch Linnhe, qui débouche dans le Firth of Lorn, est le siège d'importantes pêcheries et salaisons, où auraient fréquenté les Basques. Les années d'extrême abondance, les Écossais chargent du hareng à destination de la Méditerranée et, peut-être à la fin du xive siècle, préparent du hareng saur ; mais, ce nouveau produit coûte cher.

En bref, la mer du Nord et la Basse-Baltique sont les champs clos du hareng où opèrent huit à dix pays différents. C'est alors qu'intervient la Hanse.

II

L'Allemagne des xiie et xiiie siècles était plongée dans l'anarchie. Aussi, en vertu du processus évoqué plus haut[3], certaines

---

1. Cf. Leland, *De rebus britannicis*, Collect. VI, 285, cité par Noël.
2. Foissart, *Chroniques*, II, 45.
3. Voir p. 40.

villes littorales songèrent-elles à lier leurs intérêts et à se substituer, sous une forme purement commerciale, à l'État défaillant. Les conquêtes des Chevaliers Teutoniques aidèrent à ce rapprochement[1]. L'individualité de la Hanse s'affirma, en 1241, par l'alliance de Lübeck et de Hambourg. Au xv⁰ siècle, elle atteignit à son apogée, puis déclina au début du xvi⁰ siècle après la découverte de l'Amérique, végéta au xvii⁰; en 1669, elle n'était plus. Le siège fut, à l'origine, installé à Visby dans l'île de Gotland; bientôt Lübeck s'en empara et ne le lâcha plus. A la suite de Hambourg, s'agrégèrent à la Ligue Brême, Wismar, Rostock, Stralsund, Dantzig, Novgorod, Cologne, Brunswick, Magdebourg, puis Bergen, Riga, Stockholm, Amsterdam, Bruges, Londres, etc..., soit, au xv⁰ siècle, 90 villes.

Il n'entre pas dans notre sujet de décrire l'administration, si curieuse, de la Hanse. Son but réel fut le monopole exclusif du commerce septentrional; et ce monopole, elle l'imposa partout où elle s'implanta; partout elle absorba les corporations préexistantes. Ainsi, de son comptoir de Londres elle lança ses tentacules jusqu'à Bristol, Lynn, York, Hull et Yarmouth. Puissance économique, elle devint puissance politique et puissance militaire et soutint la guerre contre la Suède, le Danemark, la Norvège et l'Allemagne elle-même.

Si le poisson — le hareng principalement — n'avait pas existé, il eût fallu l'inventer !

En effet, quelle était la marchandise abondante, inépuisable facile à ramasser, bon marché, universellement demandée et d'un transport aisé et dont disposaient, depuis longtemps, Visby, Lübeck et Hambourg? — Le poisson, je veux dire le hareng. En second lieu, les salines — salines de Brême, de Lunebourg, du Holland, etc. — étaient d'un bon rendement. Voilà de quoi faire des salaisons, produit qui, avec le goudron, le bois, le lin, les fourrures « va payer » les draps et les métaux, le vin, le blé et les épices. Donc, exploitation intensive des pêcheries, déjà établies, de Scanie et de Rügen. Mais, comment s'approprier les autres ? — Par le commerce. La Hanse vendait et apportait du sel[2]. Créancière des pêcheurs, elle

1. Worms (M.), *Histoire de la Ligue Hanséatique*, in-8°, 1859-1864. — Schulte (A), *Geschichte d. Mittelalterlichen handels und veerkehrs*, 2 vol. in-8°, 1900. — Cons (H.), *Précis d'Histoire du commerce*, 2 vol. in-8°, 1896. — Leroux (A.), « Les relations commerciales de La Rochelle avec la Hanse aux xiii⁰ et xv⁰ siècles », *Rev. de Saintonge et d'Aunis*, VIII, 1888.

2. Je rappelle la puissance des sociétés de saunâge, à Boulogne-sur-Mer, à

les contraignit, par le jeu même des circonstances, de lui vendre toute leur production aux prix qu'elle fixait. Elle concentrait ses stocks, avant de les écouler, à Magdebourg, à Cologne, à Spire, à Mayence, à Bruges... En un mot maîtresse des transports et des marchés, elle s'érigeait en maîtresse de l'armement qu'elle contrôlait en souveraine des pêcheries. La Thalassocratie hanséatique du Nord faisait face aux Thalassocraties vénitienne et génoise du Midi. Magnifique exemple de la domination du commerce sur la technique !

Il n'est donc pas étonnant, vu les mœurs de l'époque, que les Hanséates aient fait la guerre pour maintenir leurs privilèges et en conquérir de nouveaux. Voici le Danemark qui, en 1242, manifeste son mécontentement à l'égard de Lübeck. Sans autre forme de procès, la Hanse envoie une flotte devant Copenhague : la ville est prise et pillée. En 1348, seconde guerre. Copenhague, en 1319, est reprise, avec Helsingör, Falsterbö, Skanor et Nikopping. En 1422, les Hanséates coulent les flottilles hollandaises non adhérentes, qui pêchaient paisiblement, mais à l'aide de filets perfectionnés [1]...

Ce n'est pas une histoire que j'écris ce sont des exemples que je cite à l'appui d'une thèse dont le trafic harenguier dans les pays du Nord a fourni les éléments essentiels et que l'exploitation de la morue va confirmer [2].

l'époque gallo-romaine (salinatores des cités des Morins et des Ménapes, voir C. Jullian, *op. cit.*, V, p. 210). Les entrepreneurs de pêche devaient composer avec ces sociétés de saunage. L'entente réalisée, sauniers et pêcheurs eurent la maîtrise des bas pays. Il est remarquable de constater la similitude des procédés mis en œuvre à des époques si différentes.

1. Les navires harenguiers, parfois appelés dragueurs, jaugeaient de 12 à 100 tonneaux ; ceux-là effectuant des pêches de douze heures ; ceux-ci, des campagnes entières et le transport des harengs salés. Les engins étaient les filets dits « à poche », sortes de sennes (prohibés en Scanie) et les filets dérivants, dits « aplets », comme ceux d'aujourd'hui. Ce sont les Hollandais qui, à Hoorn, en 1416, ont employé les longues tessures, bientôt copiées par les autres pêcheurs. A la fin du xvie siècle, on mettait bout à bout 50 filets de 30 pieds de long et 9 mètres de haut, pour faire une tessure. — Principales réglementations de la pêche au hareng : 1357, Statut du Hareng, convention entre les rois d'Angleterre, de Danemark et les comtes de Flandre et de Hollande accordant des permissions de pêche. — 1410, Loi dite de Scanie promulguée par Erik IX, roi de Danemark, et Marguerite de Waldemar, classant les flottilles par nationalité, défendant la pêche nocturne, la salaison à bord, etc. — 1468, essai d'une conférence entre Anglais, Français, Hollandais sur le partage des zones de pêche (Vide B. de Reste, Roy, Noël..., *op. cit.*).

2. Bellet (A.), *La Grande pêche de la Morue à Terre-Neuve*, in-8°, 2e édit., 1902, 284 p. — Roy (M.), *op. cit.* — Noël de La Morinière (S.-B.), *op. cit.*, IIe part., chap. III. — Fournier (R. P.), *op. cit.* — Bronkhorst (M.), « La pêche à la morue »,

III

Aux xe, xie, xiie siècles, la morue affluait dans la Manche et pullu-
lait dans la mer du Nord. Très tôt, elle fut pêchée au large des
côtes. En 888, les Norvégiens la traquaient depuis Helgoland jusqu'au Bohusland dans le Sund, d'une part, et jusqu'au Finmark,
d'autre part. L'archipel des Lofoten était le rendez-vous général des
pêcheurs et Vaagen, le marché. Il y en eut un deuxième à Bergen,

Fig. 8. — Nef du xv° siècle.
(D'après gravures flamandes signées Maître W. A.; Bibl. Nat., Estampes.)

après la fondation de cette ville en 1069; et les pêcheries furent
étendue à l'Islande, aux Orcades et aux Hébrides.

Les Basques des xie et xiie siècles, maîtres de la pêche de la
baleine dans la mer du Nord, en furent chassés, au début du xiiie,
par les Hollandais. Ils se retournèrent contre les baleines atlantiques et beaucoup d'entre eux entreprirent la pêche de la morue
sur les côtes d'Irlande et d'Écosse, où ils possédaient encore, au

Off. scient. et techn. Pêches, fasc. 53 (août 1927). — La Borderie (A. Lemoyne de),
Histoire de Bretagne, in-4°, 6 vol. (continués par B. Pocquet), 1901-1906, vol. I,
p. 4, 110, 441; III, p. 76, 535, 540; IV, p. 301-309).

xiv⁰ siècle, des concessions à terre pour saler et sécher le poisson :
un traité de 1351 en fait foi. Des navires basques, écossais et hanséatiques, au xiii⁰ siècle, transportaient de la morue à Bordeaux et
en repartaient chargés de vins[1]. Vers 1412, les Hollandais se
mirent à exploiter les bancs d'Islande. Aussitôt, les Anglais les
imitèrent, ainsi que nos pêcheurs : en 1443, nous armions pour
l'Islande 30 gros navires.

Les pêcheries d'Armorique (morues, merlus, églefins) s'échelon-
naient de l'île Bréhat à la Loire; mais, les plus prospères étaient à
Penmar'ch et Saint-Guénolé, où fréquentaient — vous l'avez déjà vu
à propos des congres — les Basques. Au début du xvi⁰ siècle, elles
déclinèrent, et Penmar'ch-Saint-Guénolé ne s'en releva jamais. A
quoi attribuer cette déchéance? A plusieurs causes : raréfaction du
poisson, guerres civiles en Bretagne, concurrence de la morue de
Terre-Neuve que l'on commençait de jeter en abondance sur le
marché.

Le Hanse se hâta d'appliquer à la morue le traitement qui lui avait
si bien réussi avec le hareng. Identique est le procédé : apport et
vente de sel aux pêcheurs, centralisation du trafic à Bergen dès 1278,
achat de toute la production morutière scandinave amenée de Vaagen
et des Lofoten par des navires hanséatiques. Vous connaissez le
reste. Partout, la morue était salée ou séchée et livrée à la consommation sous le nom de morue ou molue en France, de bacaleo en
Pays basque, de kabeljau et hœk en Hollande, de stockfish en
Angleterre. Les Hollandais, au xiv⁰ siècle, exportaient de la morue
fumée.

En somme, le hareng est, par excellence, le « poisson » du Moyen
Age; il correspond au thon « poisson » de l'Antiquité, et les Anglais
ont bien raison de l'appeler « King-Herring ». Au contraire, la
morue sera le « poisson » des xvi⁰, xvii⁰ et xviii⁰ siècles, le poisson
des premiers Empires coloniaux au delà des mers.

1. Malvezin (Th.), *Histoire du Commerce de Bordeaux depuis les origines jusqu'à nos jours*, 4 vol. in-8°, 1892.

CHAPITRE IV

Pêcheries transatlantiques.

Il est de style d'évoquer le « Traité d'Hydrographie » du P. Fournier, le « Traité de Police › de Nicolas de Lamare (tome III, livre V), le « Commentaire sur l'Ordonnance de la Marine de 1681 » de R.-J. Valin, le « Parfait Négociant » de Jacques Savary. Tous ces ouvrages déclarent que les Basques français connaissaient les côtes américaines avant Christophe Colomb, mais n'apportent aucune preuve décisive.

I

Toutefois, Sébastien Cabot, passant au large de Terre-Neuve en 1497, apprit que celle-ci s'appelait l'île des Bacalos. Or, ce mot est d'origine basque et se lit sur des cartes du XIVe siècle. L'auteur anglais de « Histoire et commerce des Colonies anglaises de l'Amérique septentrionale », publié en 1755, affirme que « la pêche au Banc de Terre-Neuve a été pratiquée de tout temps par les Français... et que les Basques fréquentaient ces parages avant que Christophe Colomb eût découvert le Nouveau-Monde ». Or, les Anglais n'ont pas coutume de nous attribuer l'honneur de découvertes que nous n'avons pas faites. De plus, d'après une pièce du cartulaire de l'abbaye de Beauport, datée de 1514, les Bretons de Paimpol et de Bréhat pêchaient aux « Terres-Neuves » soixante ans auparavant, soit en 1454. En 1506, Jehan Denys, de Honfleur, accompagné du pilote rouennais Gamart, arme pour Terre-Neuve et débarque au lieu nommé plus tard la Rognouse. En 1508, Ango, de Dieppe, y envoie la *Pensée,* commandée par Thomas Aubert. Du petit port de Dahouët, non loin de Saint-Brieuc, part, en 1510, la *Jacquette* [1]. En 1517, cent navires français travaillent sur les Bancs. Ces quatre derniers faits sont historiques.

Par conséquent, il est probable que les Basques ont découvert les Bancs de Terre-Neuve au XIVe siècle; il est presque certain qu'ils y pêchaient, ainsi que les Paimpolais, avant 1492, bientôt suivis — et cela est certain — des Honfleurais et des Dieppois. Mais, tous étaient

1. La Roncière (Ch. de), *op. cit.,* III, p. 138 et sq.

en retard. Il est hors de doute, en effet, que les Vikings islandais [1], aux abords de l'an 1000, se fixèrent dans les contrées appelées aujourd'hui Labrador, Nouvelle-Écosse et Massachussets, qu'il y eut des évêchés groënlandais et américains suffragants du siège métropolitain de Trondhjem et que l'élection du dernier évêque de Gardar, le bénédictin Mathias, est de 1492, l'année même du départ de Colomb. Il n'en demeure pas moins vrai que la grande pêche transatlantique se rattache pratiquement au xvie siècle.

Aux dates données plus haut ajoutons quelques autres [2] : 1518, le baron de Léry tente un établissement à terre en Acadie, à Canseau; il échoue. 1523-1524, Jehan de Verrazano, Florentin au service de François Ier, explore la côte américaine, de l'Est du 34° au 47° N., dans le dessein de trouver un passage libre vers la Chine. 1534-1541, le malouin Jacques Cartier, en trois voyages, croise au large de Terre-Neuve, repère l'île Saint-Jean (aujourd'hui île du Prince-Édouard), les baies de Miramichi et des Chaleurs, pénètre dans le Saint-Laurent, fonde Montréal (jadis Hochelaga) et « reconnaît » l'emplacement du futur Québec; il cherchait, lui aussi, la route de Chine. 1542, Jean-François de La Roque de Roberval, nommé vice-roi des « Terres-Nouvelles », prend pied au cap Rouge avec 200 colons. 1549, mort de Roberval; échec de la colonie. 1535, les Malouins réussissent à se maintenir à Terre-Neuve. En France, nombreux armements morutiers à Saint-Malo, Honfleur, Granville, Le Havre, La Bouille, Vatteville, Jumièges, Le Croisic et Bordeaux.

1578, les corsaires britanniques chassent les Portugais et nous reconnaissent une sorte de suzeraineté sur les Bancs. Trois cent cinquante navires morutiers y travaillent : 150 sont bretons (presque exclusivement malouins) et normands, 50 basques et seulement 50 anglais. 1591, grâce à la maîtrise des Bancs qu'ils possèdent et au règlement de pêche qu'ils ont fait [3], les Malouins octroient aux

---

1. Voir p. 43 et notes.

2. En plus des références citées dans |la note 2 de la page : 54 La Roncière (Ch. de), *op. cit.*, III. — Fréville (E. de), *op. cit.* — Lescarbot (M.), *Histoire de la Nouvelle France*, Paris, 1691. — Margry (P.), *Les navigations françaises du XIVe au XVIe siècle*, Paris, 1867, in-8°. — Schmitt (J.), *Monographie de l'île d'Anticosti*, thèse Faculté Sciences, Paris, 1904, in-8°. — Lahontan (Baron de), *Mémoire de l'Amérique septentrionale*, II, Amsterdam, 1728, in-8°. — Tramond (J.), *Manuel d'Histoire Maritime de la France, des origines à 1815*, 2e édit., 1927. — Balasque et Dulaurens, *Etudes historiques sur la ville de Bayonne*, I, II, 1868, in-8°, passim.

3. Règlement homologué dans la suite par le Parlement de Rennes, en 1640. Le premier navire arrivé était réputé amiral de la pêche; l'ordre d'arrivée était inscrit

Anglais les permissions de pêche que ceux-ci sollicitent. 1599, fondation de la première « Compagnie du Canada » par des marchands de
Rouen, Dieppe et La Rochelle, compagnie de commerce et de colonisation.

De cette suite d'événements se dégage une conclusion. Certes, ce
sont bien les pêcheurs de morues et aussi de baleines, qui, au hasard
des captures, ont ouvert pratiquement les routes transatlantiques.
Mais, aussitôt après, s'affirment des desseins impérialistes : conquêtes de terres fermes et maîtrise subséquente de la mer, colonisation, commerce. La pêche tire profit de ces organisations lointaines
et se renforce. Viennent ces organisations à tomber : la pêche en
pâtit, mais demeure. Et la série recommence, non point identique,
car, en ces matières, il ne saurait y avoir identité et il faut se contenter d'une certaine ressemblance. En un mot, on a le cycle que
voici : pêche, c'est-à-dire exploitation simple, d'abord ; commerce,
c'est-à-dire exploitation complexe, en second lieu, celle-là s'accroissant dans la mesure où cette dernière se développe, capable cependant, comme toutes les choses simples et universelles, de subsister,
tant bien que mal, seule.

II

Quatre exemples préciseront ces vues.

Les Vikings d'Erik le Rouge, accompagnés de leurs familles et de
leurs serviteurs, qui, de 985 à 986, se sont établis au sud du Groënland et ont fondé l'Œsterbygd, avec Gardar pour capitale, et le Ves-
terbygd, ne venaient point pêcher. On avait pêché bien avant eux.
Ils voulaient faire et ils firent de la culture, rien que de la culture[1].
En revanche, lorsqu'il fut évident que le Groënland ne se prêtait pas
à la colonisation, on y alla rien que pour pêcher la baleine. La première expédition des Hollandais partit en 1612, et les sociétés for-
mées dans ce but tuèrent, de 1669 à 1778, le nombre fantastique de
57.589 baleines[2].

Le 27 juillet 1606, Jehan de Poutrincourt, ayant obtenu une con-

sur un tableau à terre ; police de la pêche, etc... L'Ordonnance de 1681, de Colbert,
codifia, en les étendant, les prescriptions de 1640. (Bellet (A.), *op. cit.*, p. 51 et sq.)
1. Zimmermann (M.). *op. cit.*, p. 58 et sq.
2. Reste (B. de), *op. cit.*, I, chap. XIII.

cession en Acadie [1], s'installa au lieu dit Port-Royal, dans la baie Française (aujourd'hui baie de Fundy) avec Marc Lescarbot et ses compagnons. Pourquoi était-il parti de La Rochelle, sur le *Jonas*? Pour coloniser, faire de l'agriculture, à l'exclusion « de comptoirs de pelleteries ou de pêcheries [2] ». Le 28 juillet, le défrichement commence. Quelque temps après, c'est le désastre. Quelle sera l'attitude des cultivateurs dénués de tout? Il se feront pêcheurs!

Entre l'île Royale (aujourd'hui île du Cap-Breton) et le cap Canseau s'allonge l'île Madame, désignée dans certains atlas actuels du nom de Saint-Peters. Son port est Arichat. Au début de la colonisation, il n'était habité que par des pêcheurs, puis par des pêcheurs travaillant les uns à leur compte, les autres au compte de sociétés de Saint-Pierre-et-Miquelon, et par des marins de grand et petit cabotage. Lorsque les mines de charbon de North-Sydney furent mises en exploitation et que la vapeur remplaça la voile, tous les caboteurs se retirèrent à Boston, et Arichat ne garda que les seuls pêcheurs [3].

Même résultat, mais avec des procédés différents, à l'île de la Madeleine (jadis île Brion), située à mi-route du Cap-Breton et de l'île du Prince-Édouard. Le sol en est très fertile et a été certainement cultivé par les pêcheurs normands, bretons et basques avant Christophe Colomb. Et cependant elle n'abrite que des pêcheurs, qui se contentent de faire pousser des légumes et d'élever des moutons. Cette situation sociale est le résultat du régime de la propriété. Les baux concédés étant de 99 ans, quel espoir avaient les fermiers d'acquérir, un jour, leur champ? Aucun. Alors, ils se détachèrent de la terre et s'adonnèrent à la pêche. Ils y réussissent fort bien. Jugez par ce tableau... de pêche : du 15 mars au 15 avril, 70.000 phoques tués sur la banquise; de mai à juillet, 30.000 barils de harengs pris dans des trappes et une moyenne de 30 à 40.000 homards par individu; juin et juillet, 30.000 livres de morue par barque avec deux hommes à bord; durant l'automne, pêche de la morue sur les Bancs [4].

1. L'Ancienne Acadie française comprend le Nouveau-Brunswick, la Nouvelle-Ecosse, l'île du Cap-Breton, l'île du Prince-Edouard, l'île Madame, l'île de la Madeleine. L'ancien Port-Royal s'appelle Annapolis; la baie de ChiboucLou, Halifax. C'est à Grand-Pré, au nord-est d'Annapolis, qu'est érigée la statue symbolique d'Evangéline.

2. Lauvrière (E.), *La Tragédie d'un Peuple : Histoire du peuple Acadien de ses origines à nos jours*, 2 vol. in-8°, 518 et 598 p., Paris, 1922, 2ᵉ édit., I, chap. I.

3. Lauvrière (E.), *op. cit.*, II, p. 459.

4. Lauvrière (E.), *op. cit.*, II, 470.

III

Les Madelinots nous ont ramenés au cœur de notre sujet. Poursuivons.

Aux xvie et xviie siècles, la grande pêche sur les bancs et au large de la côte atlantique était en quelque manière réservée aux pêcheurs du dehors, normands, bretons, basques, bostonais. Une seule com-

Fig. 9. — Caravelle du xvi° siècle. (Modèle Van Yk.)

pagnie à monopole de « Pêches sédentaires » se forme dans la baie de Chédabouctou, au nord de Canseau.

Nos navires métropolitains jaugeaient de 40 à 150 tonneaux [1]. Ils partaient les premiers jours d'avril, tous armés de canons, prenaient cargaison de sel en Portugal et pêchaient sur les bancs jusqu'à a fin d'août. L'on utilisa d'abord les filets traînés par des chaloupes dans les baies ; ensuite, les hameçons à bord des bateaux sur les bancs. La morue, tranchée, salée et séchée à terre sur les galets

1. Hérubel (M.), *Le Port de Honfleur*, p. 34 et sq. d'après Bréard (Ch. et P.), *Documents relatifs a la Marine marchande normande au XVI° siècle...*, 1889, in-8°, p. 51 et sq. — Estancelin, *Recherches sur les voyages et les découvertes des navigateurs normands...*, 1832. — Bellet (A.), *op. cit.*, p. 50.

de la plage, était empilée dans les cales et transportée en France. Les armements se faisaient à la part. Une campagne à Terre-Neuve s'accompagnait souvent d'un voyage d'affaires « en la Nouvelle-France ». Ces relations entre la pêche et le commerce ne nous apparaîtront nulle part aussi nettement qu'en Acadie.

Le traité d'Utrecht (1713) nous enleva, au profit des Anglais, l'Acadie continentale — le pays d'Évangéline qui regarde le Canada, pays de Maria Chapdelaine — et nous laissa les îles, île Royale (île du Cap-Breton), île Saint-Jean (île du Prince-Édouard) et leurs deux satellites, île Madame, île de la Madeleine. Les Français firent reporter sur l'île Royale ce qu'ils purent de la vieille colonie et choisirent comme capitale Louisbourg.

Ce fut bientôt un marché très actif. Les colons péchaient la morue avec des chaloupes. En avril, affluaient les navires métropolitains : normands de Granville, malouins, rochelais, nantais, sablais, bordelais et basques. Les uns étaient strictement pêcheurs, les autres pêcheurs et marchands à la fois ou uniquement marchands et apportaient avec eux des cargaisons de vins, de draps, de toiles, de justaucorps, de vinaigre, d'eau-de-vie, d'objets en fer, de fil, de chemises, de chapeaux [1]... Les pêcheurs, après avoir pris barre à Louisbourg, se mettaient immédiatement à l'œuvre. Les marchands échangeaient leurs produits manufacturés contre de la morue pêchée, salée et séchée par les colons.

D'autre part, les navires français venus de Saint-Domingue et de la Martinique déchargeaient sucre, tabac, café, rhum qu'ils troquaient contre de la morue, nourriture ordinaire des esclaves noirs employés dans les plants de cannes à sucre. Enfin, les Bostonais vendaient clandestinement à nos pêcheurs et à nos colons de la morue, des briques, du bétail, des bois et des matériaux de construction et leur achetaient des objets en fer, du vin, de l'eau-de-vie, du rhum et des mélasses. Le chiffre d'affaires du marché de Louisbourg atteignait, en 1738, 1.277.800 livres à l'entrée et autant à la sortie [2]. A la fin de l'été, les navires repartaient, chargés de « morue verte », ceux-ci en France [3], ceux-là aux Antilles.

1. Labontan (Baron de), *op. cit.*

2. Lauvrière (E.), *op. cit.*, I, p. 278 et sq., 371 et sq.; II, p. 68.
Les navires métropolitains et antillais faisaient trois ou quatre voyages aller et retour. On comptait jusqu'à 15 à 20.000 pêcheurs métropolitains, au cours d'une campagne, à Louisbourg.

3. D'après Sauval, I, p. 26, la consommation du poisson salé à Paris, en 1636,

Les Anglais imitèrent les Français. Le marché si vivant de Louisbourg les gênait ; ils estimaient à 60 millions de livres la libre dispo-
sition de l'île Royale. Or, l'un d'eux, Seely, a écrit : « Le commerce
penche vers la guerre quand, par la paix, il est exclu d'un territoire
qu'il convoite. » A la première occasion favorable, en 1758, ils se
jetèrent sur Louisbourg, — mal défenduc et mal soutenue, hélas !
par notre gouvernement, — la détruisirent de fond en comble et dis-
persèrent les ruines elles-mêmes. Aujourd'hui, Louisbourg est une
pauvre station à peu près déserte. La vie active est à North-Sydney.

Le marché de nos colons acadiens est le premier, sinon en date,
du moins en importance, où la pêche et le commerce, à égalité de
valeur, se soient aussi intimement mêlés. Mais, si la Nouvelle-France
(le Canada) et la Nouvelle-Angleterre (la future Amérique) n'avaient
pas existé, c'est-à-dire s'il ne s'était pas rencontré de nombreux
consommateurs à ravitailler en tous produits fabriqués, pensez-
vous que le négoce se fût installé en ce lieu ? Je crois que non. Alors
qu'eût été Louisbourg ? Une rade, un relais de pêcheurs ; sans doute,
rien de plus.

Longtemps, nos petites îles Saint-Pierre-et-Miquelon [1] ont rempli
cet office. Elles continuent. Leur vie économique, qui n'a jamais
été, que je sache, aussi forte que celle de Louisbourg, trouvait et
trouve encore son unique aliment dans la concentration saisonnière
des pêcheurs métropolitains. Depuis la perte du French Shore à
Terre-Neuve en 1904, Saint-Pierre-et-Miquelon, minuscule territoire,
sont les derniers témoins d'un immense empire que la mère-patrie
n'a pas su garder.

était : maquereaux, 800 barils ; morues, 10.000 barils et 250.000 « poignées » (la
poignée correspondait à 2 morues) ; harengs, 23.000 barils, soit à peu près 27 millions d'individus.

1. Beaucoup ignorent que Saint-Pierre-et-Miquelon nous furent ravis par les Anglais
en 1793. L'on évacua même tous les habitants. Mais, ceux-ci furent rétablis dans
leurs droits et propriétés par les traités de Paris et de Vienne. 1814-1815. En 1816,
deux transports, la *Caravane* et la *Salamandre*, ramenèrent de France 150 familles
(645 personnes) (cf. Daniel Gauvain, *Almanach du Centenaire de Saint-Pierre-
et-Miquelon*, 1816-1916. — M. Hérubel, « Saint-Pierre-et-Miquelon », *Monde Colo-
nial illustré*, août 1924).

CHAPITRE V

Pêcheries modernes et chalutage.

Le commerce du poisson, vous l'avez vu, s'est inséré dans le commerce général préexistant. Et le bateau de pêche? Est-ce qu'il constitue, par sa forme et sa structure, un type irréductible? A cette question les hommes des palafittes, les marins néolithiques, les Fuégiens ont répondu : Non. Il importe de savoir si cela est toujours vrai.

I

A Boulogne, au Moyen Age, les barques, pontées ou non, n'excédaient pas 15 tonneaux. Elle servaient à la « harenghizon et la macquerélizon », à la pêche aux cordes, aux tramaux et aux filets traînants[1]. Au xviiᵉ siècle, la flottille boulonnaise comprenait un grand nombre de barques de 5 à 6 tonneaux. Après l'exécution du programme Mutinot en 1738, la jauge s'accroît. En 1789, on compte 45 à 50 lougres de 10 tonneaux affectés au hareng et au maquereau ; 8 ou 10 de 180 tonneaux, à la morue ; une soixantaine de 6 à 7 tonneaux, au poisson frais. Filets dérivants, lignes, cordes, tramaux, chaluts : tels sont les engins. La rotation des pêcheries ne varie guère : de la Chandeleur à Pâques, raies, soles, turbots, barbues ; de Pâques à juillet, maquereaux ; de juillet à octobre, petites soles, petite raies, limandes ; d'octobre à Noël, harengs ; le petit chalut, presque toute l'année[2].

Les grands harenguiers du xv siècle expédiés en mer du Nord étaient des nefs. Les premiers bateaux baleiniers et morutiers, qui à cette époque, mettaient le cap vers l'Atlantique septentrional et Terre-Neuve, furent aussi des nefs (fig. 8). Puis, l'on utilisa tous les genres de bateaux, voire les harenguiers désarmés[3]. Au xviᵉ siècle, les pêcheurs adoptèrent la caravelle, « vaisseau rond de médiocre calibre, dit le P. Fournier, du port de six à sept vingt tonneaux, qui a

---

1. Hérubel (M.), *Le port de Boulogne-sur-Mer*, p. 27.
2. Dito, p. 40 (d'après Rosny, Voisin, Deseille).
3. Bellet (A.), *op. cit.*, p. 161. L'auteur représente l'une de ces nefs : courte misaine et grand mât à deux vergues, ainsi qu'une caravelle, d'après le pilote-hydrographe havrais De Vaux. — Cf. Jal, *Glossaire nautique*.

quatre mâts de quatre voiles latines » (fig. 9). A la fin du xviie siècle, les caravelles furent remplacées par des dogres et des brigantins. Cent ans après, c'étaient des côtres-dandys gréés en lougres à trois mâts; puis des goélettes de 50 à 80 tonneaux. A partir de la Révolution, apparaissent les bricks, bricks-goélettes, trois-mâts, trois-mâts goélettes [1]. A Fécamp, le trois-mâts s'est maintenu.

Tous les navires morutiers étaient-ils neufs? Que non pas [2]. A Honfleur, on recourait souvent aux vieux voiliers du commerce; à Fécamp, également. Les aménagements se réduisaient à peu de chose. Passé 1817, deux coupées, à l'avant et à l'arrière, reçurent les approvisionnements et, au-dessous d'elles, les constructeurs normands établirent des parcs pour emmagasiner les appâts salés : harengs, sardines, capelans. En 1820, ils ajoutèrent d'autres parcs sur le pont, afin d'y entasser les morues en cours de préparation [3].

Simples détails, en somme. Mais, voici un fait nouveau. On pêchait la morue avec la ligne à main, comme on le fait encore en Islande. En 1827, le capitaine Sabot, de Dieppe, introduisit, sur les bancs de Terre-Neuve, les lignes de fond. D'où nécessité : de mouiller au large, en plein banc; d'apporter des câbles en chanvre, puis en chanvre et métal, enfin des chaînes; de construire à l'avant du navire un guindeau à brinquebales; de détacher du bord, pour la pêche, des canots et de disposer de très longues cordes, jusqu'à 30 kilomètres par bateau. Bref, nécessité d'avoir de grands voiliers [4]. En 1865, les doris, forme empruntée aux Américains, remplacèrent les canots.

A la fin du xvie siècle, les baleiniers étaient des trois-mâts : bayonnais, honfleurais, havrais, anglais, hollandais, Ces derniers avaient la supériorité du nombre et de l'armement. On en comptait plus de cent vingt sur les lieux de pêche : trois-mâts-bricks à deux vergues et arrière droit, de 110 pieds de long, 30 de large et 12 et demi de fond. La première compagnie néerlandaise a été fondée le 22 janvier 1614, avec un monopole de dix ans, pour harponner les baleines « de

---

1. Dito, p. 162 et sq.
2. Hérubel (M.), *Le Port de Honfleur*, p. 40.
3. Bellet (A.), *op. cit.*, p. 173.
4. Bellet (A.), *op. cit.*, p. 101-102, 167 et sq. — Cf. Baudrillart (M.), *Dictionnaire des pêches*, Paris, 1827. — Le capitaine Sabot s'est contenté d'imiter le vieux procédé des pêcheurs normands : ceux-ci, au temps où il y avait des morues dans la Manche, utilisaient les lignes dormantes.

la Nouvelle-Zemble au détroit de Davis, y compris le Gröenland et le Spitzberg ». Trois autres lui succédèrent. Les pêcheurs divisaient la côte en lots équivalents qu'ils tiraient au sort et où ils installaient leurs « fourneaux à fondre la graisse » et leurs ateliers de tonnellerie. La petite île Smeerenburg se couvrait, durant la campagne, de boutiques, magasins, boulangeries[1] : on eût dit un Saint-Pierre-et-Miquelon baleinier et groënlandais. Aujourd'hui, c'est l'hémisphère Sud qui détient les grandes pêcheries de baleines ; les Norvégiens en sont les véritables maîtres.

La pêche organisée des langoustes est récente. Vers 1896, les marins de Camaret se contentent d'immerger leurs casiers dans la Chaussée de Sein. Ayant remplacé leurs barques par des sloops de 18 à 20 tonneaux, à la cale percée en manière de vivier, ils se hasardent, de proche en proche, jusqu'à Rochebonne. A force de pêcher, ils appauvrissent les fonds. Il faut chercher fortune ailleurs : ils traversent la Manche et s'attaquent aux côtes anglaises, en dehors des zones prohibées, bien entendu. De ce fait, leurs bateaux s'agrandissent encore, et la jauge passe de 20 à 25 tonneaux. En 1909, la raréfaction des crustacés rejette les pêcheurs vers le Sud. Montés sur des bricks-goélettes, ils cinglent vers le golfe de Gascogne et le Portugal. L'inévitable dépeuplement les arrête. Certains vont prendre la langouste verte de Mauritanie ; d'autres gagnent la mer d'Irlande, puis se rabattent sur les Sorlingues. La plupart des langoustiers ont des moteurs[2].

II

Laissons là les lointains voyages et les armements coûteux ; revenons au rivage. J'attirerai votre attention sur trois sortes de pêches : sardines, thons atlantiques et poissons frais.

Au XVIe siècle, La Rochelle est encore le grand centre sardinier dont vous avez constaté l'existence au Moyen Age. Avec ses barques de 10 tonneaux, elle prend d'énormes quantités de sardines qu'elle expédie fraîches, salées, pressées ou sauries. Des marchands de Saint-Jean-de-Luz affrètent des bateaux à Jard et aux Sables-d'Olonne Ils chargent du sel et s'en vont « à la pesche des sartines à Tourbay

---

1. Reste (B. de), *op. cit.*, I, chap. I, II, IV.
2. Notes prises à Roscoff (Finistère).

en Engleterre [1] ». Au retour, ils vendent leur pêche à Saint-Jean-de-Luz. Curieuses transactions, auxquelles prenaient part des marins basques, saintongeais, vendéens et anglais.

Un bas-relief de l'église de Ploaré (xve-xvie siècles), près de Douarnenez, représente des sardines sur lesquelles plane un goéland, témoignage durable de l'importance des pêches sardinières en Bretagne. Douarnenez, l'île Tristan, Concarneau, l'île de Groix, Port-Louis, Belle-Isle pêchaient, salaient, pressaient la sardine ou bien l'assaisonnaient, une fois cuite, au vinaigre, au poivre et à la girofle, probablement au beurre et à l'huile. Dans les années d'abondance, les Bretons exportaient en Espagne, aux Canaries, en Angleterre ; après les campagnes déficitaires, ils importaient des sardines britanniques.

Les pêcheurs montaient des chaloupes. L'ordonnance de Colbert, de 1681, nous apprend que les filets avaient « mailles de quatre lignes en quarré et au-dessus » et que la rogue était contrôlée — rogue achetée à nos morutiers ou à Hambourg [2]. Les sardines languedociennes et provençales, salées ou pressées, étaient expédiées en Roussillon, en Dauphiné, dans le Lyonnais [3].

Au xviiie siècle, Quimper possédait 494 chaloupes sardinières, Douarnenez et Concarneau chacun 300, Lorient 247, Camaret 200, Belle-Ile 125. En plus de l'irrégularité des captures, deux obstacles se dressaient devant les pêcheurs : la concurrence étrangère et la cherté de la rogue. Les marins bretons, à qui la maîtrise des achats avait échappé, protestaient maintenant contre l'importation des sardines anglaises que réclamaient, au contraire, dans les mauvaises années, les saleurs du Midi. Ils s'élevaient, et avec raison, contre l'accaparement des rogues par les mareyeurs dont ils étaient tributaires. « Le Mémoire de Concarneau du 31 août 1770 » rend compte d'une situation lamentable : le prix du baril de rogue, fixé par le bon plaisir des mareyeurs, oscille de 27 à 60 livres ; les mareyeurs, coalisés, absorbent *toute* la pêche aux prix de misère qu'ils imposent. Le « Mémoire » demandait qu'on établît à Concarneau un magasin royal où tous les pêcheurs de la côte seraient venus faire

---

1. Cligny (A.), « Sardines et pseudo-sardines », *Bull. Enseignement profess. et technique des Pêches Marit.*, XVIII, 1913, p. 29 et sq. D'après pièces notariées de 1542 conservées aux minutes de Me Bonniceau, notaire à La Rochelle.

2. Cligny (A.), *op. cit.*, p. 296 et sq., 301.

3. Dito, *ibid*.

provision de rogue. Il n'y fut pas répondu[1]. Aucun perfectionnement technique n'était donc possible. Le commerce — le commerce malhonnête — étouffait la pêche !

Ainsi que les « molues, les sardines, les harencs, les saumons et autres poissons salés[2] », les thons figuraient sur les listes d'avitaillement des navires. C'étaient surtout des thons rouges de la Méditerranée. La pêche organisée du thon atlantique ou germon ne remonte pas au delà de 1840. Les premiers furent apportés à La Rochelle par les pilotes, qui croisaient entre Belle-Ile et l'île d'Yeu. Mais, c'est la fréquence des crises sardinières depuis une cinquantaine d'années qui a déclenché l'essor de la pêche thonière, de l'île d'Ouessant au cap Finisterre[3]. L'hiver venu, les magnifiques dundees rentrent leurs antennes et leurs lignes et, avec leurs chaluts, ramassent les poissons de fond.

Nous n'avons relevé, dans les types de bateaux de pêche, aucune spécialisation. Cette remarque s'applique aux petites unités adonnées à la pêche fraîche, le « frais pesché » de nos ancêtres. Innombrables sont les variétés. Je me garderai de nommer et, à plus forte raison, de définir, toutes celles qui s'échelonnent le long de notre littoral : *étadiers* du Crotoy et de Saint-Valery-sur-Somme, *barques* pontées de Boulogne et de Dieppe, *caïques* et *picoteux* de Haute-Normandie, *crevettiers*, *flondriers*, *norvégiennes* de la Basse-Seine, *plates* de Trouville et de Villerville, *flambarts* de La Hougue, *bisquines* de Saint-Malo, *filardières* et *lasses* d'Oléron et de Royan, *pinasses* d'Arcachon, *barquettes*, *bettes*, *gourses*, *mouré-de-pouar*, *tartanes* du Languedoc et de Provence, etc... etc... Chaque type est, en quelque sorte, la résultante des besoins et des traditions d'une région ; il se prête avant tout aux exigences nautiques locales et dépend fort peu de l'engin. Au reste, celui-ci correspond moins aux mœurs du poisson qu'aux habitudes séculaires des pêcheurs[4].

---

1. Sée (H.), « Le commerce maritime de la Bretagne au XVIII° siècle », pp. 236-268 ; in : *Mémoires et documents pour servir à l'histoire du commerce et de l'industrie en France*, publiés par J. Hayem, IX° série, in-8°, 1895.

2. Fournier (R. P.), *op. cit.*, p. 89.

3. Grandbesançon (M.), « La pêche du thon dans le Golfe de Gascogne », V° *Congrès nat. Pêches Marit.*, Sables-d'Olonne, p. 220-242.

4. Hérubel (M.), *Pêches Maritimes d'autrefois et d'aujourd'hui*, Paris, in-8°, VIII, 343 p., 1912, p. 207 et sq. et 215.

III

A cette cohue de formes réductibles appartient le petit chalutier.
C'est le petit chalutier à voiles qui est la souche d'une forme irréductible hautement différenciée — la seule que présente l'industrie de
la pêche.

On n'imaginerait pas la lenteur avec laquelle le chalutage s'est
aventuré au large. Il faut en chercher la cause principale dans le
manque de sécurité. Aussi Charles Ier et Charles II d'Angleterre pro-
tègent-ils de leurs deniers les premières associations de pêche. De
1632 à 1815, celles-ci reçoivent des subsides de l'État. Leurs flottilles
sont presque toutes coulées par les corsaires. Aussitôt, elles sont
reconstruites ; en 1712, les chantiers navals mettent au point un
bateau-réservoir. Au début du XIXe siècle, les Boulonnais ne s'éloi-
gnent pas des côtes; les Anglais se cantonnent dans l'estuaire de la
Tamise et font, sur leurs chalutiers, la navette entre Ramsgate et
Brixham. Mais, 1815 apporte à l'Angleterre, avec le triomphe, la
liberté des mers. Le chalutage, peu à peu, s'étend. Cependant les
chalutiers britanniques ne se lancent vers le Dogger Bank qu'en
1830, et rarement; ils s'attaquent au Great Fisher Bank en 1875 [1].

L'extension de la pêche au large est une page curieuse de l'Économie maritime.

Elle a pour origine l'esprit d'aventure d'une poignée de marins
intrépides et amis du lucre : les pêcheurs de Brixham, petite localité
située dans le Devon, entre Start Point et Exeter, près de la charmante
ville de Torquay et de Teignmouth [2]. Fatigués de traîner leurs
chaluts à bâton sur les fonds de la Manche, ils remontèrent, vers 1830,
dans la mer du Nord, à bord de leurs smacks. Chaque année, ils
allaient plus haut et plus loin. Ayant remarqué que les touristes et
les baigneurs de Scarborough manquaient de poisson, ils leur en
vendirent à bon prix. Il advint — c'était en 1840 — qu'une de leurs
smacks, un jour, s'éloigna encore plus de la côte que les autres et
rapporta une pêche miraculeuse de soles. Tous s'y précipitèrent et

---

1. Roy (M.), *op. cit.*, p. 411. — Cf. Alfalo (P.), *The sea-fishing industry in Eng-
land and Wales*, Londres, 1904, passim.

2. Renseignements recueillis à Teignmouth en 1910. — Beaufils (M.), « Du chalutage en Grande-Bretagne, et principalement du chalutage à vapeur », *Revue Maritime*, vol. CLXXI, octobre 1906, p. 345-377.

baptisèrent le banc Silver Pits, c'est-à-dire puits d'argent [1]. Dès lors, un grand nombre des marins de Brixham, auxquels s'étaient joints des gens de Ramsgate, se fixèrent, en vue d'un meilleur débouché, dans le port le plus grand du voisinage : Hull. Ce sont eux qui ont introduit le chalutage à Hull ; et, comme Grimsby procède de Hull, ce sont eux les vrais auteurs des énormes pêcheries de l'Humber, les premières du monde. Ce sont eux aussi qui, en 1862, ont inauguré à Lowestoft, deuxième port harenguier d'Angleterre, le chalutage. Lowestoft, notons-le en passant, a ceci de particulier que, sourd aux appels de la vapeur, il a conservé la voile.

En France, des expériences remarquables et trop peu connues ont été effectuées, de 1887 à 1890, par Victor Guillard, directeur-fondateur de l'École des pêches de Groix.

La zone morbihannaise, à force d'être « grattée » par les petits pêcheurs, ne produisait plus rien. La misère s'ensuivit. Guillard se mit en campagne. Dans des conversations et des causeries, il s'offrit, pourvu qu'on lui en donnât les moyens, à démontrer que la pêche portée au large ramènerait l'abondance. Il obtint un petit vapeur, la *Jeanne*, armé en chalutier. En trois croisières, il prouva qu'il existait d'énormes quantités de poissons de fond sur le plateau continental en deçà et au delà d'une ligne allant de la pointe de la Coubre à celle du Raz, par 100 et 130 mètres de profondeur et, spécialement, que les merlus, les grondins, les soles et les raies foisonnaient. Ces bancs du large, il les baptisa du joli nom de « Nouveau Rivage ». En 1893, monté sur le *Caudan*, il immergea des casiers à la base des hauts fonds de la Chapelle et il en retira des morues analogues à celles de Terre-Neuve [2]. On pourrait croire que les pêcheurs, après de telles précisions, se jetèrent à l'envi dans le chalutage. Pas du tout. Le premier chalutier à vapeur n'apparut à Lorient, qu'en 1897.

IV

Tout le monde connaît le chalut à bâton. Au xive siècle, peut-être au xiiie siècle, il y avait de semblables appareils ; leurs dimensions

1. Le banc de Silver Pits est situé au S.-S.-E. de l'estuaire de l'Humber, à une cinquantaine de kilomètres du cap Spurn.

2. Guillard (V.), Notes manuscrites montrées par celui-ci à l'auteur, en 1906, à Groix. — Le même, « Campagnes, explorations de la *Jeanne* », *Bull. Soc. Bretonne de Géographie*, 1887, 1888, 1889 analysées dans « Pêches Marit. autrefois, aujourd'hui », *op. cit.*, p. 139, 140.

étaient très modestes, comme celles de notre chalut à crevettes, et leur sphère d'action ne dépassait pas les estuaires. Au commencement du xviie siècle, le bâton ne mesurait pas plus de 6 mètres de longueur. En 1830, le voici à 10 mètres; en 1860, à 15 m. 30. Le maximum fut atteint en 1894 : 20 mètres [1]. Heureusement, l'année suivante, une invention va remplacer le vieux chalut à bâton par un autre [2], dont l'ouverture est garnie, à droite et à gauche, de deux forts panneaux bordés de ferrures, auxquels sont attachées les funes, et l'amarrage se fait de telle sorte que la traction de ces funes, combinée avec la résistance de l'eau, écarte les panneaux et maintient l'ouverture béante.

Au fond, c'est là une adaptation de l'antique filet-bœuf méditerranéen, en usage au xiiie siècle. Dans le filet-bœuf, les deux funes partant de chaque côté de l'ouverture n'aboutissent pas à un *seul* bateau, mais à *deux*, qui grâce à une navigation jumelée, maintiennent cette ouverture béante. Tel est le premier modèle; il dérive lui-même des sennes. Voici le second : un filet à loutre, qui précisément porte des petits panneaux. D'où le nom *d'otter trawl* donné par les Anglais au chalut à panneaux. Ce dernier a été réalisé en 1895 [3].

V

Il est évident que de pareils engins ne peuvent être tirés que par des navires plus puissants que les voiliers.

Or, la « Société des Pêcheries de l'Océan » à Arcachon, afin d'obtenir un rendement plus régulier et une rotation plus rapide, équipe en 1865, deux petits vapeurs. Sept ans après, M. Joseph Huret, de Boulogne, met en chantier le *Stuart*, navire en bois à hélice, armé pour la pêche du hareng et du maquereau, mesurant 19 m. 33 de longueur. Malgré l'insuccès de l'entreprise, on lance, en 1879, un second chalutier, en fer, cette fois — *l'Eurvin*, d'un tonnage

---

1. Roy (M.), *op. cit.*, p. 411 et sq. — Roché (G.), « Etudes générales sur la pêche au grand chalut dans le golfe de Gascogne », *Annales Sciences naturelles*, 1892.

2. Cf. la IIIe loi de G. Clerc-Rampal : « L'utilisation militaire d'un type de bâtiment dépendant avant tout de l'utilisation de son armement, toute arme nouvelle augmente la valeur des types existants, s'ils peuvent l'employer, ou la diminue jusqu'à parfois l'annuler, dans le cas contraire » (*op. cit.*, p. 11). Il n'y a qu'à transposer les termes.

3. Cf. travaux publiés sur l'otter-trawl par le Board of Agriculture and Fisheries, 1907, 1908, notamment mémoires de Wemyss Fulton, et par le Fishery Board of Scotland, mêmes années.

brut de 176 tonneaux, et le premier cordier à vapeur, l'*Arc-en-Ciel*. Au début de l'année 1881, Boulogne fait une quatrième tentative et le petit chalutier, *Reine-Berthe*, prend la mer. De plus, la Société marseillaise, la « Marée des deux mondes », envoie son grand vapeur, *Stella-Maris*, jaugeant 1.400 tonneaux et muni de frigorifiques système Carré, pêcher entre les Canaries et le Sénégal. En 1885, trois chalutiers à vapeur sont inscrits à La Rochelle. En 1890, Arcachon possède cinq vapeurs. Mais, il était réservé à Boulogne de nous offrir, à la fin de 1894, avec la *Ville-de-Boulogne* de 195 tonneaux bruts, le premier vapeur en Europe, qui fût aménagé pour toutes les pêches, celle du chalut, ainsi que celle du hareng et du maquereau [1].

L'initiative de la pêche à vapeur avec le chalut-à-bâton est donc strictement française. Les premiers chalutiers à vapeur anglais datent de 1877-1880; les allemands et les hollandais, de 1884-85; ils n'excèdent pas 30 mètres [2]. Mais, l'honneur de l'utilisation rapide et courante du chalutier à vapeur échoit à l'Angleterre. Ceci nous ramène à Hull [3].

En 1858, des armateurs de Hull — originaires, je le répète, de Brixham — confiants dans la parole et les promesses d'une Compagnie de chemins de fer, le Great Central Railway [4], s'établissent à Grimsby, petit port de commerce. Ils se rappellent qu'à Yarmouth, en 1854, on avait conservé quelques jours des soles dans de la glace. De 1860 à 1865, ils embarquent des blocs de glace. Ils veulent aller plus loin, toujours plus loin, donc rester le plus de temps possible en mer, et ne point détacher de leur flottille, ainsi qu'ils avaient coutume, un de leurs bateaux pour rapporter la pêche à terre. La glace empêchera la marée de se corrompre dans les cales [5]. Une fois la flottille rentrée à Hull, des « cutters » chargent le poisson rafraî-

---

1. Hérubel (M.), « Pêches maritimes d'autrefois et d'aujourd'hui », *op. cit.*, p. 278 et sq.; avec, pour La Rochelle, référence à notice de Beaucé et Thurninger, « Ports Maritimes de France, Minist. **Trav.** publics », VI, p. 53.

2. Roy (M.), *op. cit.*, p. 411.

3. Renseignements recueillis à Grimsby et à Hull en 1908 — Beaufils (M.), *op. cit.*, p. 356 et sq. (Ces deux références pour tout le passage.)

4. Hull étant desservi par le Great Northern Railway, il est probable, sinon certain, que le Great Central Railway, de qui dépend Grimsby, a voulu, par esprit de concurrence commerciale, détourner le trafic poissonnier du premier port vers le second.

5. Poisson en vrac mélangé avec des morceaux de glace (iceing in bulk), ou bien mis en caisses avec glace. — En 1868, Grimsby produisait 26.620 tonnes de marée; en 1880, 46.930.

chi en caisses et l'expédient au marché de Billingsgate, à Londres.
Des wagons charrient le poisson débarqué à Grimsby.

La poussée vers le large continue. En 1875, nos gens exploitent
régulièrement le Dogger Bank et atteignent le Great Fisher Bank.
Plus la poussée s'accentue, plus la jauge des voiliers augmente à
cause de la durée des·sorties toujours plus longue, de la quantité des
poissons mis en glace toujours plus grande. Mais, la masse des
engins appropriés aux coques est de plus en plus lourde ; et les
manœuvres, de plus en plus pénibles. En 1862, des armateurs de
Sunderland ont alors l'idée de tirer leurs bateaux avec les chaluts
par un remorqueur à vapeur. Attention : voici la phase préliminaire
du chalutage à vapeur. Cependant, personne n'y prend garde. Con-
naît-on les essais français ? Évidemment non [1]. Quinze ans se passent
et un petit *vapeur* sort de North Shields, *armé de son chalut à bâton.*
Presque en même temps, on remplace les chasseurs à voiles par des
chasseurs à vapeur, et, de 1879 à 1880, les gros chalutiers à voiles
de l'Humber, devenus incommodes, disparaissent : des chalutiers à
vapeur, munis de treuils puissants, leur succèdent. Rapidement, la
jauge passe de 30 à 90 tonneaux. L'aire exploitée s'étend à 260 milles
du cap Spurn et, en profondeur, à plus de 60 brassés.

En bref — l'esprit d'aventure mis à part — c'est la glace qui, en
Angleterre a provoqué l'accroissement de tonnage ; et c'est l'accroissement de tonnage qui a entraîné l'adoption du treuil et de l'hélice.
Remarquez que cette conquête est le fait de régions avant tout char-
bonnières, industrielles et commerçantes : Sunderland, North Shields
gravitant dans l'orbite de Newcastle. Les villes de Hull et de Grimsby se sont contentées de suivre le sillage ; mais, avec quelle énergie !
Quant à Brixhan — le promoteur, l'ancêtre des temps héroïques —
manquant de forte organisation commerciale, il est resté ce qu'il
était : un petit port.

VI

Vous avez assisté à deux enchaînements de faits parallèles, l'évolution du chalut aboutissant à l'ottertrawl, l'adaptation au chalutier
ancien du moteur à vapeur, d'un usage courant dans les marines de
commerce et de guerre. En 1895, les deux évolutions brusquement

---

1. La pêche, la plus ancienne des industries boulonnaises et la principale, a été la
dernière à recourir aux machines. Ce n'est qu'une quarantaine d'années après la

se rejoignent : le chalut à bâton est remplacé par le chalut à panneaux.

L'Angleterre avança dans cette voie à pas de géant. L'abondance du charbon, l'aménagement des ports, l'existence d'une métallurgie en plein essor, les gros profits résultant de l'exportation du poisson, la rapide installation des lignes de chemin de fer, les concentrations ouvrières de l'intérieur, la grande activité commerciale du pays, la pénurie de céréales, etc. : toutes ces conditions favorables ont présidé à l'éclosion et au développement du chalutier à vapeur [1].

Ce serait sortir du sujet que de donner la description — mille fois

Fig. 10. — Chalutier à vapeur actuel.

répétée — du chalutier à vapeur [2]. Je dois uniquement souligner la haute différenciation de cette unité (fig. 10).

Alors que le voilier s'accommode de n'importe quel appareil de pêche, le chalutier à vapeur est conçu et construit pour le chalut à panneaux et rien que pour lui. Le navire n'est plus un sur-engin, n un porte-engin ; il fait corps avec l'engin. Il ouvre donc une ère

construction des voies ferrées que le premier chalutier à vapeur sortit des jetées (cf. Hérubel (M.), *Le Port de Boulogne*, p. 54). La remarque a une portée générale.

1. En 1891, la Grande-Bretagne possédait 382 chalutiers à vapeur; en 1893, 641; en 1901, 963. (En 1898, il y avait 200 chalutiers à Grimsby contre 12 à Boulogne.) Premier chalutier à vapeur en Belgique (chalut à bâton), en 1890; en 1898, ils étaient 20 (otter-trawl). Premier chalutier à panneaux, en Hollande : 1898. Insuccès en Suède (interdiction), en Norvège (fonds trop rocailleux), en Danemark (faute de bénéfices). Premier chalutier (à bâton) en Portugal : 1887. (G. Pruvot, « Sur l'industrie des chalutiers à vapeur; Rapport au comité consult. Pêches », *Journal Officiel*, 25 mai 1905.)

2. Quelques chalutiers, actuellement, chauffent au mazout et un chalutier en construction recevra un moteur Diesel.

nouvelle. Mais, il reste marqué des caractères essentiels de la pêche :
simplicité et universalité. Il y a plus : ces caractères se sont encore
accentués ; si j'osais, je dirais qu'ils présentent un degré supérieur
de concentration. En effet, l'emploi du chalutier à panneaux, d'a-
bord réservé aux poissons de fond, s'est vite étendu : en 1904-1905
à la morue, puis au maquereau ; enfin, en 1912, au hareng ; et le
chalutage harenguier s'accroît d'année en année au détriment des
filets dérivants dont le prix tend à devenir prohibitif[1]. Il y a quatre
ans, MM. Vigneron et Dahl, de La Rochelle, ont imaginé un perfectionnement notable en portant les panneaux à une certaine distance
devant le filet. Ce dispositif renforce la production. Pendant la guerre
le chalutier, armé en patrouilleur et dragueur de mines — ce qui ne
le changeait pas beaucoup — a joué le rôle périlleux et glorieux que
la masse des Français ne connaît peut-être pas assez[2].

D'ores et déjà, le chalutier à vapeur a gagné la partie. Il a imprimé
sur la pêche les caractères techniques, économiques et financiers
de l'industrie. Point n'est besoin d'être prophète pour annoncer sa
souveraineté prochaine. Souveraineté absolue ? Non. Il restera des
voiliers, comme il reste dans nos villes des échoppes et des éventaires
Mais, leur nombre ira diminuant encore[3]. Ce que l'on peut affirmer,
c'est que l'immense majorité des canots, des sloops, des chaloupes
sardinières et même des thoniers seront munis de moteurs.

VII

Le bateau à moteur est né d'hier. Je n'ai pas à m'en occuper.
Toutefois, il est impossible de passer sous silence son essor prodi-
gieux au Danemark, où il règne sans conteste. Les bateaux de
pêche danois ressemblent à nos dundees boulonnais ; seulement, ils
sont plus petits et ne jaugent que 20 à 50 tonneaux. Ils ont chacun un

---

1. Hérubel (M.), « Le chalutage harenguier (trawling for herring) », *Ligue Marit.
Française*, décembre 1913. — Dito, *Les Pêches Maritimes*, à l'Association nat.
d'expansion économ., Paris, in-4°, 52 p., 1917, p. 41. — C'est un chalutier de Boulogne qui, en 1904, pêcha le premier sur les Bancs.

2. Voir le bel ouvrage de Paul Chack, *Sur les Bancs de Flandre*, 1927.

3. En Angleterre, de 1893 à 1902, le nombre des chalutiers à voiles a diminué de
60 % et le nombre des vapeurs a augmenté de 128 %. Les deux principaux ports
de chalutiers à voiles sont Lowestoft et Brixham.

De 1886 à 1905, le tonnage de la production britannique a doublé : 565.400 tonnes
métriques contre 973.600. La côte est fournit 80 % du poids total et 81 % de la
valeur ; la côte ouest, 10,9 % et 11,5 % ; la côte sud, 9 % et 7%.

vivier et un moteur de 20 à 22 CV à pétrole lampant ou huile lourde. Leur engin est une senne, nommée snurrevaad, de 80 brasses, traînée sur le fond. En 1908, le Danemark comptait déjà 700 unités; en 1913, 2.780. Esbjerg en est le principal port [1].

En France, le quartier d'Arcachon a reproduit, mais avec moins d'ampleur, le cas d'Esbjerg. Avant 1906, la pêche sardinière, très modeste, était effectuée par des pinasses à voiles. Les quelques pinasses à moteur du bassin naviguaient comme bateaux de plaisance. Le 15 septembre de cette année-là, l'une des pinasses, forte d'à peine un cheval-vapeur — celle de M. C. Mader, à bord de laquelle je me trouvais — franchit les « passes » et revint l'après-midi, trois heures avant les autres, s'amarrer a son poste de Gujan-Mestras, pleine de sardines. Six ans plus tard, le Bassin possédait 240 pinasses à moteur, toutes affectées à la pêche sardinière [2].

Au début, les pêcheurs arcachonnais étaient des pêcheurs d'occasion, dont les mains ne connaissaient que l'élevage de l'huître ou la culture de la vigne. C'est grâce à cette « jeunesse professionnelle », j'entends grâce à l'absence des traditions et des préjugés propres au monde des pêcheurs qu'ils ont, d'un seul coup, adopté une technique neuve : une hérédité profonde ne pesait pas sur eux. Cette rapide initiation, dont nous sommes les témoins oculaires, ne nous donne-t-elle pas une idée des phénomènes analogues, qui se sont certainement produits chez les hommes néolithiques, à l'aube de la navigation et de la pêche? Le présent explique parfois le passé.

CHAPITRE VI

Ports de pêche anciens.

La croissance des agglomérations humaines accrochées au littoral a toujours été conditionnée par les progrès techniques et économiques de la navigation. Ce n'est pas pour cette seule raison que l'étude en a été rejetée à la fin du mémoire; c'est aussi pour cristalliser les notions acquises chemin faisant et les rapporter à des formes individualisées, mesurables et vivantes dans l'espace-temps.

1. Notes de voyages de l'auteur. — Roy (M.), *op. cit.*, p. 485 et sq. — Hérubel (M.), « Pêches Marit. Ass. nat. Expans. économ. », *op. cit.*, p. 11.

2. Hérubel (M.), « Pêches Marit. autrefois, aujourd'hui », *op. cit.*, p. 182. — Dito, Assoc. Nat., *op. cit.*, p. 12.

I

Byblos, Sidon et Tyr, d'abord stations de pêche, n'ont pris figure
que par le commerce. Il faut en dire autant de Gadès, d'Utique,
d'Esion-Gaber, de Madian, bref, de tous les ports de la haute Antiquité. Si la plupart se contentaient d'une plage abritée ouverte
dans un promontoire, les unités métropolitaines, pourvues d'en-
trepôts, de marchés et d'ateliers, avaient construit des ports au
sens actuel du mot. Je n'en citerai qu'un, contemporain des Grecs
d'Homère et ancêtre d'Alexandrie : le port de Pharos. Il se compo-
sait d'un avant-port, d'un premier bassin donnant accès dans un
second, qui, protégé par une jetée de 700 mètres et un brise-lames de
2 kilomètres, couvrait 60 hectares[1]. D'après Victor Bérard, Pharos
pouvait contenir 1.200 navires et 60.000 marins[2].

Cette puissance économique est le fruit de la sécurité. La piraterie la mieux conduite eût été incapable de l'atteindre.

Lorsque le marché intérieur, devenu trop étroit, ne permit plus
« à toutes les familles de placer leurs excédents et de combler leur
déficit[3] », la guerre et le brigandage furent une nécessité. Et cela,
avant comme après les légendaires croisières « du roi Minos », qui
avaient pacifié la Méditerranée orientale. La piraterie correspond à
une phase d'expanison pré-commerciale. Elle se lance à la découverte de richesses naturelles ou manufacturées appartenant à autrui.
Elle réalise son dessein, tantôt par la violence, tantôt par la ruse,

---

1. Jondet (G.), « Les ports submergés de l'ancienne île de Pharos », *Mém. Institut Égyptien*, 1916. — A titre documentaire, superficies de quelques ports antiques :
Alexandrie, 368 hectares de bassins et 15 kilomètres de quais ; Ostie, 112 hectares
et 6 kilomètres ; Pouzzoles, 24 hectares et 1 km. 200 ; Marseille, 27 hectares et
1 kilomètre ; Fréjus, 11 hectares et 1 kilomètre (Cagnat (R.) et Chapot (V.), *Manuel
d'Archéologie romaine*, in-8°, 1920, vol. II, p. 297-308 ; vol. I, p. 52 (Le premier
bassin construit à Ostie mesurait 70 hectares ; le second, construit sous Trajan,
32 hectares. — Perrot (G.) et Chipiez (Ch.), *His'oire de l'Art dans l'Antiquité*, III,
1885, p. 21, 32, 33, 37. Voir également *Statist. de l'Hist. univers. du Travail* de
G. Renard ; *Le Travail dans le monde romain*, de Paul Louis, 1913, p. 381). —
A titre comparatif : en 1850, les bassins du Havre mesuraient 21 hect. 60 et ceux
de Liverpool, 43 hectares. En 1908, respectivement, 80 hect. 60 et 235 hect. 92 (en
comprenant Birkenhead) (Statist. de Quinette de Rochemont).

2. *Phéniciens et Odyssée*, 2e édit., p. 56.

3. Glotz (G.), « Le travail dans la Grèce ancienne : histoire économique de la
Grèce », in *Hist. univers. Travail*, dirigée par G. Renard, in-8°. Paris, 1920, 468 p. ;
p. 61.

toujours avec simplicité. Elle pille, elle ramasse, elle cueille. L'esprit dont elle s'inspire mis à part, elle s'apparente donc à la chasse et à la pêche, actes très simples de violence ou de ruse, de capture, de « ramassage », de cueillette. On connaît le vieil adage : *Usus maris publicus, ei proprietas nullius.* Comme la pêche, la piraterie requiert une moindre organisation et une technique rudimentaire et universelle. Comme la piraterie, la pêche ne construit pas de ports et s'accommode des plages, des anses, des estuaires que lui offre la nature.

Il suffit, pour s'en convaincre, de regarder autour de soi. En une course à vol d'oiseau le long de nos côtes, vous apercevrez des stations de pêche qui l'ont toujours été, le sont et le resteront. Elles n'ont, en somme, pas d'histoire ; elles échappent à l'évolution. Telle sera notre première catégorie[1].

II

Considérez Yport en pays de Caux : un village posé au bas d'une « valleuse » boisée, une modeste jetée conçue au XVIIIe siècle, derrière laquelle échouent les barques : c'est tout, où plutôt c'eût été tout, si un casino n'avait pas été bâti pour inviter les gens à prendre des bains de mer ! A Etretat, dont l'ingénieur Lamblardie, en 1789, voulait faire un émule du Havre, la déchéance est encore plus grande[2]. Depuis l'époque romaine, Arromanches n'a nourri que des pêcheurs, lesquels ramènent leur « marée » sur les deux cales du port ou la vendent à Courseulles, à Fécamp, à Dieppe. Grandcamp, adonné dès l'origine à la pêche, est simplement armé d'épis et d'une estacade élevée en 1875. Goury, dans le Cotentin,

1. Les indications relatives à tous les ports qui suivent sont extraites de notes de voyages et de la remarquable collection « Ports Maritimes de France ; Ministère des Travaux publics », 8 volumes in-8°, de 1874 à 1899 : Notices Geoffroy, Lavoinne, Renaud, Arnoux, Gouton, Rocard, de Saint-Amand, Thevenet, Floucant de Fourcroy, Fénoux et Mengin, de Miniac, Hausser, Jozon, Bonamy, Pocard Kerviller, Dingler, de Beancé et Thurninger, Bonneau, Crabay de Franchimont, Veau, Sauvion, Bernard et Leclerc de Pulligny, Imbert et Périer, Vigan et Bourgougnon, Vigan et Aubé. Cf. également Hérubel (M.), *Le port de Caen et la Basse-Normandie*, édit. Ligue Maritime Française, 1912, in-folio, 20 p., passim. Les indications complémentaires font l'objet de références spéciales.

2. Cf. Lenthéric (Ch.), *Côtes et ports français de la Manche*, Paris, in-16, 1906, 452 p.

Cf. Cochet (abbé), *Commerce de l'arrondissement du Havre sous les Romains*, brochure, 10 p. (Biblioth. municip. Le Havre, N. 2599). Donation de Yport à l'abse pare d'une unique jetée datant de 1865. Saint-Briac pratique la petite pêche et celle du maquereau. A l'île de Sein, tous les hommes sans exception sont pêcheurs. En 1837, Groix équipait 140 bateaux non-pontés; en 1854, 325. Cependant, Port-Lay et Port-Tudy n'avaient été, avant 1860, corrigés que par des travaux insignifiants... Continuez votre randonnée sur le littoral méditerranéen. Cassis a beau recéler des ruines romaines et figurer sur l'itinéraire d'Antonin, la pêche a été, jusqu'en 1899, son principal gagne-pain. A Saint-Raphaël, elle dominait et n'a point capitulé, depuis 1855 environ, devant les chargements, à la sortie, de beauxite et de poteaux de mines. Villefranche et, tout près d'elle, Saint-Jean, et Menton méritent à peine le nom de stations de pêche.

III

Vous objecterez : Camaret et Douarnenez, voilà des ports de pêche et qui n'ont, à aucun moment, joué d'autre rôle! Certes; mais, regardons avec plus de soin. Ce sera notre seconde catégorie.

Camaret est logé dans un site favorable, en dehors de la rade de Brest, bien abrité des vents du large, à proximité des banquées sardinières et des rochers riches en crustacés (il vous souvient de la part active qu'il a prise dans la pêche des langoustes). Ces avantages eussent-ils suffi à fortifier en Camaret la pêche? Peut-être; cependant, il ne faut pas oublier que ce petit port a rempli jadis une quadruple fonction : rade de refuge pour les bateaux allant à Brest (de 1872 à 1876, chaque année, plus de 1.300 bâtiments y mouillaient), station de pilotage, point stratégique de défense, approvisionnement de Crozon.

Douarnenez, bien placé comme Camaret, était une station sur la route romaine de Carhaix à la pointe du Raz. Plus tard, il a su profiter de la chute de Penmar'ch au XVe siècle et transporter lui-même ses barils de sardines à Nantes, La Rochelle et Bordeaux, d'où il rapportait des vins et du sel. Le môle du Rosmeur, les cales

baye de Fécamp, en 1217 : « Cusuetidines allectum (harengs) et maquerollorum... et pourpreis (rougets) et esterion (esturgeon) et piscem qui dicitur crassus piscis (craspois de marsouin), omnemque regalem piscem (marsouin) » d'après Cartulaire de Fécamp. — On aurait trouvé du cuivre romain à Etretat en 1840. Présence à Etretat, en 1024, de quelques franches-nefs (d'après Neustria pia, Saint-Wandrille; Monasticum anglicanum, II, p. 952). — Cochet (abbé), La Seine-Inférieure historique et archéologique, in-4°, Rouen, 1876.

de l'anse de l'Enfer et du Guet, au Port Rhû, sont de 1790[1].

En Angleterre, Yarmouth, issu de Norwich, a été le premier port harenguier du royaume et a gardé un rang élevé. Mais, ne le perdez pas de vue, ce n'était pas rien qu'un port : c'était un marché, une foire nationale et internationale du hareng. Marchés ou, plus exactement, lieux de rendez-vous saisonniers de pêcheurs : Stornoway aux Hébrides et Lerwick aux Shetland ; ce dernier est en relations constantes avec Aberdeen par un vapeur[2].

La jetée et le quai de Saint-Waast-la-Hougue[3], édifiés de 1820 à 1852, ont surtout été destinés aux petits caboteurs et aux sloops anglais venant draguer des huitres. Le Guilvinec, Douélan, La Turballe sont récents. Le premier, qui disposait de 7 barques en 1860, doit son existence aux transports, par le chemin de fer de Nantes à Brest, des caisses de petits maquereaux ; le second, à un atelier de salaison ouvert en 1820 ; le troisième, à une confiserie de sardines fondée par Pellier en 1841.

Arcachon — rade plutôt que port proprement dit — mérite une mention spéciale. Ce fut, à l'origine, un simple hameau, un écart de la petite capitale des captaux de Buch, La Teste. Au début du XVIIIe siècle, on y signale des gabares et des barques de pêcheurs et des résiniers : les « brusleurs de goudron de la Montagne d'Arcachon ». Colbert, notons ce détail, ordonne d'envoyer certains d'entre eux au Canada pour apprendre leur métier aux colons. La térébenthine était portée à Bordeaux[4]. En 1778, un grand projet veut faire d'Arcachon un port de refuge à l'usage de nos flottes de guerre. Il est rejeté, à cause de la mobilité des bancs de sable, par Charleroix de Villers, ingénieur de la marine. Dès lors, c'est la proximité de Bordeaux et la liaison avec cette métropole qui vont déterminer la fonction d'Arcachon. En 1865, une initiative personnelle utilise deux petits chalutiers à vapeur. En 1903, on en comptait 22 armés du chalut à panneaux, et seulement 3 voiliers avec une centaine de pinasses sardinières. Rapidement, le marché bordelais de la morue

1. Dazin (A.), « Douarnenez, port de pêche », *Annales de Géogr.*, XXXV, 1926, p. 179.

2. Notes de voyage. — Huguet (C[t]), « Ports de pêches anglais et écossais », *Revue Maritime*, 1903, III, p. 909.

3. Saint-Waast-la-Hougue est le type de ces nombreuses villes neuves fortifiées construites au XVIe siècle (J. Flach, *L'origine historique de l'habitation et des lieux habités en France*, in-4°, 1899, 100 p., p. 89).

4. Michel (F.), *Histoire du commerce et de la navigation à Bordeaux*, 2 vol. in-8°, 1870, p. 109, 254, 263.

va provoquer, à Arcachon, l'éclosion de la grande pêche à Terre-
Neuve.

Penmar'ch exploita jadis ses fameux bancs de morues et de merlus, comme firent, avec d'autres espèces, les Grecs en Colchide et en
Scythie — comme on exploite une mine. Mais, tenez compte de l'organisation des pêcheries, contrôlée par les ducs de Bretagne, et des
échanges commerciaux entre ce port, l'Espagne et même l'Italie. Penmar'ch ne suffisait pas au trafic des poissons secs ou salés, des céréales à la sortie, des vins, des fers et des bois à l'entrée. Ville indépen-
dante en fait, comme Saint-Malo, beaucoup plus importante que
Brest, elle avait des satellites, qui, au xvie siècle, se développèrent de
ses ruines : Douarnenez, Le Conquet et Audierne. Dès le xive siècle,
les lignes maritimes d'Italie vers le nord de l'Europe avaient adopté
la Bretagne comme lieu d'escale et de transit[1]. En Écosse, Fraserburg est un succédané d'Aberdeen, dont l'extension sur place offre
des difficultés[2].

Poursuivons notre enquête.

Barfleur est un ancien port de passage entre la France et l'Angleterre. Le Hourdel près de Saint-Valery-sur-Somme, l'Herbaudière
en Noirmoutier, La Cotinière en Oléron sont d'anciennes rades de
refuge ou des postes de pilotes nantais et bordelais. Peterhead se
rattache à cette catégorie[3]. Il n'est pas jusqu'aux « marais à poissons » de la Vendée qu'on ne puisse y faire rentrer. Ils n'avaient
point été conçus pour la pisciculture. C'étaient, avant 1140, des salines. Anciennes salines aussi : Marennes, La Tremblade et L'Eguille.
Les viviers du Teich, d'Audenge, de Certes en bordure du bassin
d'Arcachon ne remontent pas au delà de 1789 : d'abord marécages,
puis marais salants loués, à compter de 1771, avec bail emphy-
téotique, par les captaux de Buch, enfin viviers[4].

Ces faits, pris au hasard, montrent avec netteté qu'une station de
pêche grandit seulement lorsque des éléments autres que la pêche

1. Vidal de La Blache (P.), *La France; tableau de la géographie de la France;*
t. I de *Hist. de France* d'E. Lavisse, 1911, in-8°, p. 338. — La Borderie (A. de),
op. cit., V, p. 301.

2. Hart (M.), « Organisation des ports de pêche », Ve *Congrès nat. Pêches marit.*,
1909, Sables-d'Olonne, II, p. 256-383.

3. Dito, *ibid.*

4. Hérubel (M.), « Pêches marit. autrefois et aujourd'hui », *op. cit.*, p. 115, 116,
120. (Référence : Linyer, Congrès Pêches Sables-d'Olonne », 1909 ; Descat et Mu-
ratet, « Congrès Bordeaux », 1907.

s'y trouvent déjà ou s'y installent. En bref, un port de pêche resté
port de pêche, sans plus, est un port dont il est permis de dire huit
fois sur dix qu'il « a mal tourné ». La suite du chapitre développera
cette vérité.

IV

Jusqu'au XVIe siècle, Dunkerque vit modestement des poissons
dont l'écoulement est malaisé. Mais, en peu de temps, le voilà port
de guerre, port de commerce et centre d'armement à la grande
pêche d'Islande. Cette dernière fonction, intense au début du
XIXe siècle, tend à s'éteindre, dominée, semble-t-il, par la fonction
régionale en plein essor[1]. Sur le sol à peine affermi, les hameaux de
Scala et de Pétresse donnent une ville : Calais. Vers 1230, le comte
Philippe en fait une place forte et les rois de France l'utilisent
comme port de commerce et de guerre contre la Flandre, alliée
des Anglais. La pêche et l'industrie harenguières y prennent une
telle ampleur que Boulogne s'inquiète. Mais, Boulogne aura sa
revanche, et la pêche calaisienne ira s'atténuant[2].

Comment se manifeste Honfleur, à sa naissance? Comme station
de transbordement, comme avant-port de Rouen, comme auxiliaire
d'Harfleur, situé en face. Le poisson, je l'ai déjà dit, y est moins un
objet de capture qu'un fret. Mais, lorsqu'il s'agira d'aller pour suivre
les baleines et pêcher la morue et, en même temps, faire du commerce, Honfleur, tantôt seul, tantôt avec l'aide financière de Rouen,
armera des navires. Après quoi, la navigation long-courrière cessera
dans ce port destiné à être industriel[3]. Changez les épithètes et vous
pourrez en dire autant de Bayonne[4] et du Havre. On répète la phrase
célèbre : « Amsterdam est construite avec des arêtes de harengs. »
Personne ne songe à nier la haute importance des pêches harenguières néerlandaises. Toutefois, ce n'est pas à celles-ci qu'Amsterdam est redevable de sa grandeur; c'est à sa position commerciale, au confluent de l'Amstel et de l'Ij, sur le passage de la route
isthmique de la Baltique à la mer du Nord[5].

1. Cf. Rousiers (P. de), *Les Grands Ports de France*, in-12, 1909, 260 p., chap. I.
2. Hérubel (M.) « Le port de Boulogne-sur-Mer », *op. cit.*, pp. 21, 33, 50.
3. Hérubel (M.), « Le port de Honfleur », *op. cit.*, p. 17, 32 et sq.
4. Surtout port industriel à cause des usines, à Tarnos, au Boucau, de l'annexe
de Saint-Gobain, des usines de ciments, etc. Exportation de poteaux de mines.
5. Cf. Hazewinckel (J.-F.), « Le développement d'Amsterdam », *Annales de Géographie*, XXXV, 1926, p. 322.

Dans cette troisième catégorie, la fonction-pêche vit et grandit aux dépens d'autres fonctions préexistantes, stratégiques et commerciales par exemple, s'amoindrit et disparaît. Un quatrième groupement va vous montrer un processus différent. Il comprend la majeure partie de nos ports de pêche actuels. J'en examinerai quelques-uns.

V

Vers 1150, Le Crotoy est une place forte. Au xiiie siècle, tous les navires remontant à Abbeville y font escale et parfois transbordent. Pendant la guerre de Cent ans, il est base anglaise. En 1839, il reçoit encore 500 navires dont plusieurs calent 5 à 6 mètres d'eau. Mais, le canal de Saint-Valery à Abbeville le ruine. Aujourd'hui, il est strictement cantonné dans la pêche côtière. Avant 1842, Trouville héberge une centaine de pilotes et de pêcheurs. Les gabares de Touques et de Roncheville ne s'y arrêtent même pas. Mais, voici que l'on construit la route de Saint-Pierre-sur-Dives à la mer. Comme elle longe la Touques, des travaux de soutènement sont exécutés. De là vient l'idée de bâtir, à son extrémité littorale, un quai de 400 mètres. Alors, les gabares déchargent leurs cargaisons que des véhicules charrient vers l'amont. Les pêcheurs, heureux de disposer d'un quai et d'une bonne route pour l'évacuation de la « marée », se multiplient. Il y a vingt ans — je crois les revoir encore — c'étaient des gars splendides, aux carrures terribles, les yeux bleus, les cheveux bouclés, les oreilles percées d'un petit anneau d'or. Leurs affaires étaient brillantes. Tout cela, hélas! n'est que souvenir : le casino, chancre-rongeur des plages, a poussé là.

L'historique des projets plus ou moins grandioses dont Port-en-Bessin a été l'objet remplirait un volume. Les Romains y construisent un castellum; les Vikings y débarquent en 850; une charte de 1096 l'appelle *Portus piscatorium*, Port des pêcheurs; plus tard, sa fonction régionale lui vaut le nom de *Portus bajocassinus*. En 1475, l'évêque de Bayeux creuse un bassin d'échouage bordé de quais, aménage une chasse d'eau et défend l'entrée par deux jetées. Jusqu'au xviiie siècle, de nombreux vaisseaux en route vers Rouen et Le Havre y font escale. De 1698 à 1842, l'on discute sur son utilisation comme port de guerre. Enfin, on le classe port de refuge. Que

résulte-t-il de tout ce travail et de tous ces projets?. Un port de
pêche, uniquement de pêche, d'ailleurs très vivant[1].

Le Palais, en Belle-Ile, est une ancienne forteresse et la minuscule capitale d'un petit territoire. Fouras, Châtel-Aillon, de qui dépendait, avant le xiiᵉ siècle, La Rochelle, étaient jadis des places fortes.
De même, Royan. Jusqu'en 1860, Saint-Tropez est port de commerce. .
Mais, le chemin de fer, qui ne l'atteint pas, l'isole et ne lui laisse que
la pêche.

Pour plus grands qu'ils soient, Granville, Concarneau, Le Croisic,
Les Sables-d'Olonne, appellent semblable remarque.

Granville s'entoure de murailles au xvᵉ siècle et se protège par
une jetée. Du cabotage il passe à la grande navigation de Terre-Neuve.
et d'Acadie. Vauban propose d'en faire un port de guerre. Concarneau est d'abord centre stratégique, puis port de commerce. La
pêche s'y développe dans la mesure où cette dernière fonction a
mieux réussi. Dès le xviᵉ siècle, il presse les sardines. De 1655 à
1767, il est amendé par des travaux de réfection. Le Croisic, siège,
il y a plus de mille ans, de colonies saxonnes et normandes, place
forte durant la féodalité, contribue au xvᵉ siècle, au ravitaillement
de la Bretagne. Il importe des vins d'Espagne et de Portugal et y
exporte des blés. En Norvège et en Danemark, il échange ses excédents de vins et de blés et le sel guérandais contre des bois et des
métaux. Aux xviᵉ et xviiᵉ siècles, il arme pour les Bancs et le Canada[2].
Analogue est l'évolution de La Chaume et des Sables-d'Olonne, où
le port est creusé, rectifié et fortifié en 1472. A la vérité, Sete, que
l'on écrivait hier encore Cette, est avant tout port de commerce.
Au reste, il réalise une pensée de Colbert.

J'ai donné quelques détails sur le passé de ces ports dont les
noms sont moins évocateurs que ceux de Dieppe, Fécamp, Saint-
Malo et La Rochelle. Tous les quatre ont joué un rôle marchand ou
stratégique de premier ordre.

1. Cf. Hérubel (M.), « Le port de Caen, etc. », *op. cit.*, passim.
2. Auzou (E.), *La Presqu'île guérandaise*, in-16, 1897, 378 p., p. 253, 259. — On
annonçait (août 1927) la constitution d'une société de pêche morutière à vapeur non
point au Croisic, mais à Saint-Nazaire : « Les Chalutiers bretons ». La Compagnie des
Chemins de Fer d'Orléans aurait consenti à transporter à Bordeaux en grande vitesse
et au tarif de la petite vitesse les morues débarquées à Saint-Nazaire.

Fig. 11. — Le port de Dieppe en 1776, d'après les dessins d'Ozanne réunis dans le volume : « Vues des principaux ports du Royaume de France et de ses colonies ». (Bibl. Serv. Hydrogr. Marine.)

VI

Dieppe, où aboutissait, selon l'abbé Cochet, une voie romaine, est tête de pont entre la France et l'Angleterre aussitôt après la conquête de Guillaume de Normandie. Ses pêcheries sont réputées dans la France entière. A la suite du sac de Southampton en 1339, dont il tire de riches dépouilles, il s'aventure au loin en de grands voyages de découvertes et d'explorations. Il ne se remet à la pêche qu'après nos malheurs consacrés par le traité de Ryswick en 1697[1] (fig. 11).

Le port de Fécamp, fondé par les moines de la célèbre abbaye, est, aux yeux des premiers ducs, « une forteresse placée entre la Normandie, le Danemark et la Norvège », un lieu de sûreté pour eux et les leurs, d'où ils pourraient fuir, au cas d'une révolte ou d'une offensive victorieuse des rois de France. Longtemps port harenguier secondaire, Fécamp s'est adonné, vers 1541, à la morue, à l'imitation du Havre qu'il a brillamment remplacé[2].

Le centre de la ville disparue d'Aleth occupait ce que l'on appelle aujourd'hui la Cité, à Saint-Servan : région comprise entre la tour Solidor et l'anse des Bas-Sablons. On se figure mal l'extrême activité commerciale de ce port dans l'antiquité gallo-romaine et dans le haut Moyen Age. Après une agonie, commencée vraisemblablement en 732, Aleth disparaît de la scène du monde vers 963. Je n'ai pas à raconter l'arrivée, en 538, du moine Mac Law (le futur Saint Malo), sur le rocher de Saint-Aaron (l'actuelle ville de Saint-Malo), ni l'élection au siège épiscopal d'Aleth de ce moine, ni les circonstances de l'exode de la majeure partie des habitants d'Aleth au rocher de Saint-Aaron, avant l'année 1143[3]. Je ne dois retenir qu'un fait : Saint-Malo a été, durant le Moyen Age et surtout aux XVIe, XVIIe et XVIIIe siècles, un grand port de commerce. Au XVIIe, par exemple, il entretenait des lignes régulières vers Cadix ; il était de bon ton que les jeunes gens de la bourgeoisie malouine fissent une sorte de stage dans la grande ville espagnole. Au XVIIIe, la Compagnie des Indes installe un entrepôt à Saint-Malo. Évoquerai-je la participation remarquable de ce port aux grandes pêcheries du Canada,

1. Vitet (L.), *Histoire de Dieppe*, Paris, in-12, 1844, 467 p.

2. Fallue (L.), *Histoire de la ville et de l'abbaye de Fécamp*, Rouen, in-8°, 1841, 490 p.

3. Cf. Haize (J.), « Au pays d'Aleth », *Etude sur Aleth et la Rance et histoire de Saint-Servan*, Saint-Servan, in-8°, 1900, 286 p.

d'Acadie et de Terre-Neuve, conséquence de sa fonction commerciale? Celle-ci n'a pu résister à l'insuffisance de l'arrière-pays, aux nouveaux droits de douane sur les produits du sol et aux progrès de la navigation exigeant des ports placés dans de larges estuaires. En un mot, elle est morte de la mort du commerce de commission. Seul l'armement morutier, avec le cabotage, ont subsisté[1].

En 1130, le hameau de La Rochelle est rattaché à la baronnie de Châtel-Aillon. Il passe aux mains des ducs d'Aquitaine, qui l'érigent en commune, le fortifient et creusent le port intérieur. Au XIIIe siècle, La Rochelle est « réputée ville noble, puissante par ses richesses[2] ». Au XIVe, elle est en rapports constants d'affaires avec l'Espagne, le Portugal, le Brabant et les Pays-Bas, le Danemark, les Villes hanséatiques et l'Angleterre. Au XVIe, elle devient port transatlantique; ses navires fréquentent avec assiduité Terre-Neuve, le Canada, les Antilles. La perte de nos colonies, au XVIIIe siècle, lui porte un coup terrible. Elle pâtit de notre rôle manqué en Amérique. Mais, elle se relève grand port de pêche, aujourd'hui très prospère, et port de moyen cabotage, abandonnant à La Pallice les longs courriers.

Les ports de pêche de notre quatrième catégorie, en résumé, dérivent de ports de commerce préexistants dont ils ont pris la place. Leur cycle s'énonce ainsi : I, pêche (stade initial et universel de toute agglomération vivant au bord de la mer); II, commerce (stade conséquent); III, pêche (stade de retour). Et, si l'on évalue approximativement le degré d'importance des stades II et III, l'on constate que celui-ci est d'autant plus développé que celui-là naguère l'était davantage. Il n'en est pas moins vrai, cependant, que nous sommes en présence d'un phénomène de réversion ou, plutôt, d'une tendance à la réversion, car l'état initial ne saurait être reproduit intégralement[3].

1. En 1786, alors que la fonction commerciale était en décadence manifeste, le mouvement du port s'ordonnait ainsi : pour l'Inde, 4 navires; pour les Antilles, 7 ; Guinée, 1 ; Grand Cabotage, 12 ; Côte de Terre-Neuve, 46; Saint-Pierre-et-Miquelon, 16; Bancs de Terre-Neuve, 60; Petit Cabotage, 75. (Statistique Floucand de Fourcroy).

2. Arcère (M.), *Histoire de La Rochelle et de l'Aunis*, 2 vol. in-4°, 1757. — Delayant (M.), *Histoire des Rochelais*, 2 vol. in-8°, 1870, *passim*.

3. En Zoologie, la réversion ou retour à l'état embryonnaire est une exception. Et encore, elle n'est possible que chez des êtres inférieurs. Un ver de la classe des Némertiens en présente un cas très net : le *Lineus lacteus*. Au bout de 18 à 27 mois d'inanition, il retourne à l'état embryonnaire. « Les Némertes minuscules, à peine

VI

Ce n'est pas pour vous une nouveauté [1]. Vous avez assisté à la répression des ports de cabotage de la Celtique, après l'occupation romaine. Vannes, Locmariaquer, Quimper, Brest, Erquy, Aleth, Granville, Cherbourg retournent à l'état de pauvres stations de pêche, isolées les unes des autres. Dans le grand naufrage des Invasions, les centres commerciaux du nord de l'Adriatique se réduisent à 72 minuscules républiques de pêcheurs, d'où sortira un jour Venise. En Languedoc, l'activité des pêcheries autour de Sète et dans les étangs de Thau et de Sijean est une survivance de la vie littorale, intense à l'époque antique et au Moyen Age. Des noms de cités maritimes se dressent du passé : Agde, Maguelonne, Narbonne, Montpellier avec son avant-port de Lattes. Honfleur et Dieppe souffrent-ils de tribulations déprimantes? Ils se raccrochent aussitôt à la pêche [2]. Nos premiers colons de Nouvelle-France et d'Acadie subissent-ils des revers? Ils se retournent aussitôt vers la pêche [3].

Voici un épisode, peu connu, de l'histoire de la région havraise.

Repérez sur un plan du Havre la première darse du bassin Bellot et l'église Saint-Nicolas-de-Leure. Eh bien! avant 1204, une « fosse » s'ouvrait dans la mer un peu à l'ouest de l'emplacement actuel de ladite darse. Elle s'appelait « fosse de Grâce » ou « Havre-de-Grâce », du nom d'une chapelle, succursale de Saint-Nicolas et dédiée à Notre-Dame-de-Grâce. A l'est de cette fosse, donc en amont, s'ouvrait, parallèlement à celle-ci, une autre fosse ; la fosse ou Havre-de-Leure. Pour la situer, prolongez par une ligne sur la carte la rue Dumont-Durville actuelle vers l'estuaire; l'entrée de la fosse de Leure se trouvait un peu à l'est de cette ligne. De plus, les deux fosses communiquaient par un canal naturel, creusé à même la plaine — véritable port intérieur — de sorte que la partie de territoire où s'élevait la chapelle de Grâce, entourée de son cimetière et de maisons, était une île longue et étroite.

visibles à l'œil nu, ne se distinguent en rien des embryons » (C. Dawydoff, « Sur le retour d'une Némerte, *Lineus lacteus* en inanition à l'état embryonnaire », *C. A. Acad. Sciences*, Paris, t. CLXXIX, 1924, p. 1222-24).

1. Voir p. 35 et p. 40.
2. Hérubel (M.), « Le Port de Honfleur », *op. cit.*, p. 51.
3. Voir p. 60.

Je m'excuse de ces détails topographiques; ils sont rébarbatifs; mais, la description d'une chose réclame plus de phrases que l'énoncé d'une idée.

Avant 1356, le commerce des ports de Leure et de Grâce, très prospère, portait sur de nombreuses marchandises d'Espagne, du Portugal, d'Angleterre : cire, fer, fourrures (menu vair, gros vair, vair écureuil), cordouans et basanes, sels, charbon de terre, alun, etc...[1]. Or, les années 1356 à 1359 furent marquées d'un grand désastre : de furieuses tempêtes et les Anglais détruisirent presque complètement Leure et complètement son hameau de Grâce, dont la fosse seule subsista. Puis, une sécurité relative s'établit. Leure en tirera parti; la fosse de Grâce, point. Finis les armements militaires et marchands, fini le trafic commercial. Restera-t-elle donc toujours délaissée, cette fosse? M. Alphonse Martin va répondre : « Au XVe siècle... le Havre-de-Grâce était devenu une station ou refuge pour les bateaux se livrant à la pêche des harengs et des maquereaux; ils étaient montés par des habitants d'Ingouville, d'Octeville, de Harfleur et des autres communes des environs. Habituellement, leur nombre était peu considérable — 25 à 30; mais, en cas de mauvais temps, on avait compté jusqu'à 100 navires étrangers à la région, tels que ceux de Fécamp, Saint-Valery, Dieppe, etc...[2] ».

Il est bien entendu que la fosse de Grâce n'avait ni quais, ni môles, ni écluses; celle de Leure, non plus. Les marins, ainsi que es pêcheurs, se dirigeaient à l'aide de perches-balises fournies par le fermier du seigneur de Graville. Il s'agit donc d'une régression fonctionnelle, en dehors de tout appareil morphologique. Elle est d'une netteté brutale, schématique. C'est pourquoi je suis heureux de l'avoir mise en lumière.

1. Martin (Alph.), « Le Havre-de-Grâce et Graville au Moyen Age », *Bull. Soc. havraise Etudes diverses*, années 1922-23 ; tiré à part de 34 p. ; références : notamment p. 12 à 17. — Dans ce mémoire, puissamment documenté, complément de son ouvrage en 3 vol. « Les origines du Havre », l'auteur a produit des pièces inédites, en particulier une charte de Philippe le Bel, datée de Fontainebleau, décembre 1311, jetant une vive lumière sur Le Havre avant qu'il fût.

2. Dito, p. 16. — Les taxes étaient : un cent de harengs par bateau chargé en vrac et 4 deniers par baril ; onze maquereaux pour cent. A partir de la fin du XIVe siècle, sensible reprise commerciale, certains bateaux de pêche transportant des pommes de terre et des fruits en Angleterre, d'autres apportant des harengs blancs d'Amsterdam. Les navires d'un plus fort tonnage mouillaient à Saint-Denis-Chef-de-Caux et transbordaient sur de petits bateaux à destination de Leure, Harfleur, Jumièges.

VIII

Reste une cinquième catégorie : les ports où coexistent les deux
fonctions : pêche et commerce. Quelques indications très sommaires
sur Aberdeen et Hull et des considérations plus fouillées sur Boulogne illustreront ce paragraphe.

Le versant oriental de la verte et montagneuse Écosse est très
pauvre en grands ports de commerce et très riche en petites
stations. Chacune dessert une région. Avant 1882, Aberdeen était
à la fois port marchand et port harenguier, à l'embouchure de la
rivière Dee. Cette année-là, un armateur acheta un vieux remorqueur et l'arma en chalutier. L'entreprise réussit : le chalutage à
vapeur avait conquis la place [1]. Non seulement, les deux fonctions
primitives furent renforcées; mais, une troisième apparut : la
pêche du poisson frais. Un marché s'établit où chalutiers et
harenguiers britanniques et même étrangers vinrent vendre leur
poisson.

Hull est situé sur la rive gauche de l'Humber, immense estuaire
formé par les deux fleuves, le Trent, qui coule du Sud, et l'Ouse,
qui coule du Nord. Un pareil site est favorable au commerce. Par
ailleurs, la poissonneuse mer du Nord incite à la pêche. Il était
donc normal que Hull fût en même temps pêcheur et transporteur
de ses propres pêches. C'est ce qui eut lieu. Ses nombreux
« chasseurs » expédient chaque jour à Londres la « marée » qu'ils
débarquent sur le quai de la Tamise devant le marché de Billingsgate. Les grands chalutiers arment pour la pêche morutière [2].

M. Camille Vallaux, le distingué géographe, ayant bien voulu
consacrer, dans « Le Mercure de France », une notice de deux pages
à mon ouvrage *Le Port de Boulogne*, a traduit ma pensée en des
termes si exacts que je demande la permission de les reproduire :
« Boulogne a connu de multiples transformations, sans compter les
longues périodes d'éclipse... Mais, elle renaquit toujours sous des
vêtements divers. M. Hérubel trouve l'explication de cette prospérité maritime sans cesse renaissante dans une cause d'ordre purement géographique : *la position de Boulogne comme point de passage*

1. Beaufils (M.), *op. cit.*, p. 360.
2. Notes de voyage. — Hart (M.), *op. cit.* (pour Aberdeen et Hull). Pour ce qui
concerne les origines de Hull port de chalutage, voir p. 70 et 72.

entre les deux rives du détroit. Pour lui, tout s'ordonne autour de ce grand fait : le rôle politique et militaire du port, l'activité commerciale, et même *la prospérité de la pêche, éclose, facilitée et stimulée grâce à l'existence préétablie des voies commerciales de terre et de mer;* je trouve cette dernière considération particulièrement juste et originale[1]. »

Sous les Gaulois, Boulogne, alors nommé Gesoriacum, est le dernier port praticable du nord-est de l'Europe. La route du Rhin y aboutit, ainsi que de grandes routes de l'intérieur du pays; et toutes se fondent en une route maritime unique, qui, traversant le Détroit, aborde l'île de Bretagne à Rutupiœ, aujourd'hui Sandwich. La jonction de voies terrestres et d'une voie maritime : tel est le déterminisme vrai de la naissance et de la croissance de Boulogne. Les Romains du *Portus Itius* et de Bononia ne feront que fortifier, par une organisation politique puissante, la fonction maîtresse du port : le passage — passage des courriers, des légions et des princes, des négociants, des voyageurs, des convois de marchandises. A l'excellence des routes s'ajoute l'excellence de la race des chevaux morins, forts, nerveux et rapides.

Or, c'est précisément sur ces mêmes routes que rouleront les chariots de poissons et que trotteront les « chasse-marée ». Les uns et les autres, je le rappelle, ramèneront, au retour, du vin, de l'eau-de-vie, du blé. Demandez, ai-je écrit dans mon mémoire[2], demandez à un ironiste quel fut l'un des meilleurs agents de la pêche boulonnaise; il vous répondra : c'était le cheval!

Le commerce général suscite, entraîne le commerce du poisson; et l'activité de la pêche est fonction de la distribution constante de ses produits. Voilà l'explication fondamentale de la prospérité de Boulogne, premier port de pêche de France et du Continent. Elle est absolument conforme à toutes celles qui s'égrènent le long des chapitres de cet ouvrage.

1. Vallaux (C.), in *Mercure de France*, numéro du 1ᵉʳ novembre 1926, p. 692-693. (Les phrases soulignées l'ont été par l'auteur de l'article.)
2. « Le port de Boulogne », *op. cit.*, p. 52.

CHAPITRE VII

Ports de Pêche nouveaux.

Les ports de pêche construits de toutes pièces suivant un plan donné se réduisent à cinq en Europe. Ce sont — et les dates qui les accompagnent désignent leur mise en service — Nordenham, 23 avril 1896; Geestemünde, 1er octobre 1896; Ijmuiden, 1899; Cuxhaven, février 1908; Lorient-Keroman, 23 février 1927.

I

Ils sont le résultat de l'expérience acquise, de la sélection d'initiatives individuelles, d'efforts collectifs et publics, de tâtonnements, de perfectionnements. De même que le chalutier à vapeur est un navire hautement différencié, distinct des autres navires, de même le port de pêche moderne présente une différenciation adaptée à son objet. En dépit des commodités qu'il y rencontre, il ne saurait subsister ni s'établir dans un grand port marchand, comme Liverpool, Hambourg, Marseille, Le Havre, eux aussi portés à un haut degré de différenciation, mais dans un autre sens. Les exigences nautiques, les manutentions, la gestion, le mode d'administration ne sont pas les mêmes et courent le risque de se gêner. C'est pourquoi le grand port de pêche fuit devant le grand port marchand. Cependant, il a tout intérêt à ne point trop s'en éloigner, d'abord à cause de la nombreuse clientèle à servir, ensuite parce qu'il profite des courants commerciaux, des lignes de chemin de fer rapides, bref d'une situation favorable toute faite.

Le port industriel est vaste, accessible aux chalutiers à n'importe quelle heure de jour ou de nuit; les quais sont couverts d'installations telles que le poisson soit débarqué, trié, vendu, mis en caisses et expédié avec le minimum de temps et le maximum de rendement : ces opérations forment en quelque sorte une chaîne ininterrompue entre le bord et le wagon. A proximité, les usines annexes : glace et chambres frigorifiques, ateliers de salaisons, de saurissage, de conserves, fabriques d'huile, de guano, etc... D'un autre côté, les magasins de filets et de cordages, les ateliers de réparations. Dans un coin du bassin, une forme de radoub ou un slip. Il sera bon de prévoir des agrandissements possibles; car le chalutier tend à s'accroître sans cesse. Dans peu d'années, il possèdera des cales frigorifiques et ramènera les poissons congelés aussitôt pris et à quai. Peut-être, grâce à un dispositif approprié, mettra-t-il en train,

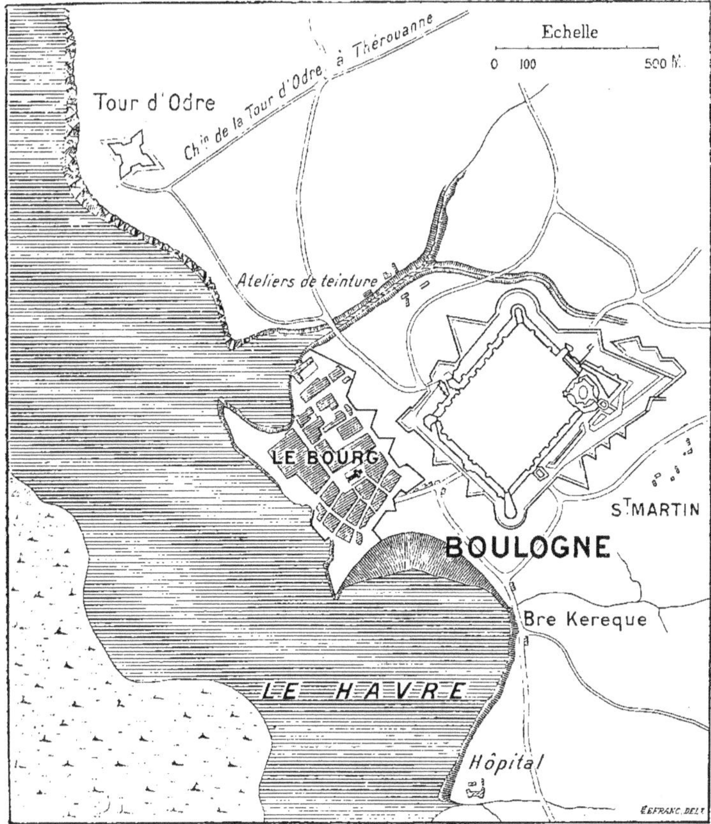

Fig. 12. — L'estuaire de la Liane et le port de Boulogne-sur-Mer en 1544.
(Original appartenant à la Chambre de commerce de Boulogne.)

La ville basse, au pied de la ville haute, est ici appelée le Bourg. En haut et en bas du Bourg, les deux baies : baie d'amont, berceau de l'ancien Gesoriacum gaulois, baie d'aval ou port des Tintelleries. La ville haute, fortifiée, est l'ancienne Bononia romaine.

sur les lieux de pêche, le traitement des faux-poissons et des déchets.

Pour comprendre l'origine des cinq ports de pêche industriels récents, il faut les situer dans le temps.

II

Les premières corrections faites aux ports naturels ne datent pas d'hier; vous vous en êtes rendu compte dans les chapitres précédents. Aussi bien ne rappellerai-je qu'un cas : celui de Boulogne[1] (fig. 12).

Les quais du Petit-Paradis ou Port des Tintelleries et les amorces des deux jetées, le Pidou tendu entre la falaise d'Ordre et le chenal, la Dunette en face ont été bâtis de 1544 à 1550 et repris, parallèlement avec l'édification des quais de la ville Basse, de 1563 à 1611. L'on fut contraint, en 1737, de lutter de nouveau contre les ensablements. Le maire, Achille Mutinot, incarna l'âme de la cité. Il fai endiguer la Liane, draguer le port, prolonger la Dunette et construire la jetée de l'Ouest, ainsi que son musoir. De 1772 à 1776, c'est le tour de la jetée de l'Est, pendant du Pidou. Au début du XIXe siècle, l'on creuse, dans les terrains meubles de Capécure, un bassin d'échouage en demi-cercle. L'actuel bassin à flot de 7 hectares est de 1853; la digue Carnot, de 1889; le bassin Loubet, de 1899. Mais, ces ouvrages ont été conçus et exécutés, le premier pour abriter la flotte du Camp-de-Boulogne, les autres pour recevoir les navires marchands ou les paquebots d'escale : le port de pêche, lui, demeurait confiné dans l'ancien estuaire de la Liane; sa physionomie n'avait guère changé.

Tout autre est l'évolution de Grimsby.

Avant 1860, Grimsby, placé à l'orée de l'Humber à droite, en face du cap Spurn et sur la route de Hull, était une modeste ville exportant du charbon et important du bois. Le voisinage de la mer du Nord, l'exode des intrépides pêcheurs de Brixham fixés à Hull depuis peu, l'abondance du charbon, l'assurance de débouchés dans les régions industrielles et du transport, en moins de sept heures, de la marée à Londres incitèrent la compagnie du « Great Central Railway » à mettre en valeur ce port. Elle l'aménagea et le transforma petit à petit en port de pêche industriel. Excellente affaire financière : pour une dépense initiale de 16 millions, les revenus se montaient à 814.000 francs en 1891, à 2 millions en 1909. Les jours de gros arrivages — ils sont fréquents — le Great Central expédie 300 wagons de poisson[2].

1. Hérubel (M.), « Le port de Boulogne », *op. cit.*, p. 30, 36, 42, 44.
2. Notes de voyage. — Roy (M.), *op. cit.*, p. 530 et sq. — Hart (M.), *op. cit.*, p. 286 et sq. (En outre, Grimsby est un port harenguier, le premier, avec Lowestoff, d'Angleterre. Yarmouth ne vient qu'après.)

Deux stations ne tardèrent pas à imiter Grimsby. En 1877, Buckie, appelé alors Nether Buckie, à l'est du Moray firth en Écosse, fit creuser deux bassins. Newlyn, au sud-ouest de l'Angleterre, se protégea, vers 1885, par une longue digue. La même année, Aberdeen entreprenait les grands travaux, qui devaient l'élever au premier rang des ports écossais[1].

III

Geestemünde est situé sur la rive droite de l'estuaire du Weser non loin de la mer, au point où débouche la petite rivière, la Geeste, à deux pas de Bremerhaven et de Lehe, à 60 kilomètres de Brême.

En 1860, quelques voiliers venaient y débarquer leur marée. Un charpentier, nommé Busse, dont l'atelier périclitait, eut l'idée d'acheter du poisson aux pêcheurs et au marché local et de l'expédier dans les environs. Il réussit. L'année suivante, il alla jusqu'à Brême. Puis, il atteignit Hanovre. Le commerce du poisson était désormais assuré de vivre. Tout en restant mareyeur, Busse se fit armateur. En 1884, il commande un chalutier à vapeur, la *Sagitta*. Deux ans après, associé avec des amis, il prit livraison d'un second vapeur, le *Président Herwig*. La halle au poisson est agrandie : d'un commun accord, l'on décide qu'elle sera l'unique marché. Voici les résultats de deux années, 1888 et 1891 : 293 tonnes de marée, 7.028.

Les capacités du vieux port ne répondaient plus à cette production. Quel parti convenait-il de prendre : restaurer, rajeunir le bassin et les quais, à la façon du couteau de Jeannot? Ou bien construire à côté un port tout neuf? L'État prussien, de qui dépendait Geestemünde, adopta a seconde solution. Ses motifs étaient fondés : En premier lieu, la prospérité croissante de Grimsby et d'Aberdeen ; deuxièmement, la formation de nombreux équipages de pêcheurs considérés comme pépinière de marins pour les flottes de guerre : troisièmement, le désir légitime d'abaisser les importations de poisson

---

1. Notes de voyage. — Pour les ports écossais et anglais : Hart (M.), *op. cit.*, Buckie, p. 305 ; Newlyn, p. 292 ; Aberdeen, p. 282 ; Macduff, p. 307 ; Fraserburg, p. 289 ; Peterhead, p. 302 ; Scarborough, p. 298. — Pour les ports allemands : Poher (E.), *Le commerce du poisson de mer en Allemagne* (Rapport), II⁰ partie ; Bull. *L'Enseignement professionnel et technique des Pêches Maritimes*, XVII, 1912, p. 22-90. — Pour Ijmuïden : Casanova et Pelissonnier, « Le port de pêche moderne : sa réalisation à Ijmuïden », *Annales des Ponts et Chaussées*, 1920, 1ʳᵉ partie, p. 5-22.

par une production nationale augmentée et le souci de ravitailler le pays; enfin, la régularité des apports du charbon de Westphalie.

Les travaux commencés en 1891 et terminés le 1er octobre 1896, coûtèrent 10 millions de francs. Le Gouvernement prussien afferma le port à une société, « Die Fischereihafen Betriebsgenossenschaft », en se réservant un droit de contrôle. La société fermière percevait une taxe de 4 % sur la vente et versait à l'État 1,3 % de ses dividendes. Le port de Geestemünde comprend un seul bassin extensible, de 1.500 mètres de long et 70 de large; les quais sont pourvus de tous les aménagements industriels. En 1912, on comptait 117 chalutiers à vapeur.

Si Geestemünde a connu quelques avatars intéressants à narrer, Nordenham, lui, s'est réveillé un matin port de pêche.

Sur la rive gauche de l'embouchure du Weser, l'État d'Oldenbourg avait un port pétrolier, loué par lui à une compagnie américaine. Celle-ci, ayant adhéré à la Standard Oil, transféra ses installations à Hambourg. Nordenham se trouva libre. C'est alors que se constitua, pour l'exploiter, une société, la « Deutsche Dampfischerei Gesell. Nordsee », le 23 avril 1896. L'affermage de vingt-cinq ans a été, en 1912, prolongé jusqu'en 1940. Il ne comporte aucun contrôle de l'État. La « Nordsee », à la fin de 1896, possédait 7 chalutiers; en 1910, 43.

Le branle est donné. Les vapeurs se multiplient partout. Mais, il s'agit de les loger.

IV

La Hollande imite l'Allemagne. A quelques kilomètres de l'ouverture dans la mer du Nord du canal d'Amsterdam, elle crée, en 1899, un port, attaché à la rive sud de ce canal : Ijmuiden. Un bassin de 1.000 mètres sur 100; un quai pour le poisson; un autre pour le charbonnage, les réparations, etc...; pêche fraîche, salaisons et harengs; approvisionnement d'Amsterdam, de la Westphalie et de Cologne : telles sont ses caractéristiques générales. Le régime administratif est la régie d'État. L'Écosse, de 1902 à 1905, transforme Macduff, Fraserburg et Peterhead; l'Angleterre, Scarborough. Et, si Hambourg ne crée pas Cuxhaven, du moins intervient-il en dernier ressort. L'historique vaut la peine d'être fait.

Cuxhaven appartient à l'estuaire de l'Elbe, à l'extrémité gauche duquel il est bâti. C'était une minuscule station de pêche, où les chaloupes à voiles d'Helgoland, de Blankenese et de Finkenwarder

venaient — une à une, pour ne pas avilir les prix — vendre leur
marée. En 1878, un marchand, nommé Dohrmann, y installa des
parcs à huîtres. Sur ces entrefaites, le chemin de fer de la Basse-Elbe
est construit. Aux huîtres Dohrmann adjoignit le poisson. Il s'associa
avec les deux autres marchands récemment arrivés et, en 1891,
acheta un chalutier à vapeur, le *Cuxhaven*. L'entreprise échoua,
parce qu'elle était combattue à la fois par les pêcheurs de Blankenese et de Finkenwarder et par les mareyeurs d'Altona et de Ham-
bourg-Saint-Paoli. Mais, voici que l'État de Hambourg, dans un
dessein purement nautique, fit creuser, de 1890 à 1892, à Cuxhaven,
un bassin de secours (Schutzhafen). A peine terminé, le bassin de
secours fut le centre de ralliement de toute la flotille à voiles de la
Basse-Elbe [1].

Si le sort de Cuxhaven était fixé, il s'en fallait que le but fût atteint.
Les armateurs et les mareyeurs d'Altona et de Saint-Paoli ne désar-
maient pas. Par des campagnes de presse et des tracts, ils arrêtaient
tout : projets, votes, souscriptions, travaux. L'hostilité capitula
seulement devant l'attitude énergique du puissant directeur de la
Hambourg-Amerika, M. Ballin, qui, ayant compris l'intérêt supérieur de l'œuvre, apporta le double concours de ses capitaux et de
son influence. Aussitôt, la « Société pour la pêche de haute mer »
était fondée, et l'État de Hambourg exécutait l'approfondissement du
bassin, l'édification des halles, de la gare, des magasins à glace, etc.
Le tout était prêt en février 1908. Les débuts furent difficiles ; avant
la guerre, le port — en régie, comme Ijmuiden — ne couvrait pas
ses frais.

A la différence de Geestemünde et de Nordenham, Cuxhaven n'a
point fait appel à des forces existantes ni coordonné des entreprises
nouvelles encore dans l'enfance ; il a été institué port de pêche contre
des entreprises anciennes en pleine activité. (Du moins, ces dernières
l'ont ainsi compris, et l'avenir, consacrant le succès de Cuxhaven,
leur donnera tort.) Cette distinction faite, il reste vrai que l'embryogénèse des trois ports allemands et même d'Ijmuiden a été déclen-
chée non point par la pêche proprement dite, mais par le commerce.
La préoccupation du débouché a précédé celle de l'armement facilité
par l'abondance du charbon.

1. Répartition des bateaux de pêche en 1909 (d'après Statistiques allemandes) :
1° Vapeurs : Nordenham 43, Geestemünde 117, Cuxhaven 15 ; total : 175. 2° Voiliers :
Nordenham 0, Geestemünde 1, Cuxhaven 4 ; Finkenwarder 161 ; total : 166.

L'examen de Fleetwood et de Lorient-Keroman va nous conduire aux mêmes conclusions.

V

La côte ouest du Royaume-Uni, six fois moins productive que la côte est, était dépourvue de ports modernes de pêche. Le succès obtenu, avec Grimsby, par le Great Central Railway, incita une autre compagnie, le Lancashire and Yorkshire Railway, à tenter l'aventure. Le projet, au vrai, ne comportait guère de risques, car la population très dense de ces deux provinces demandait du poisson. Il y avait, sur l'estuaire de la Wyre, à la pointe sud de la baie de Morecamb, au nord de Liverpool, une vieille station de pêche donnant asile à trois ou quatre chalutiers à vapeur, et fréquentée, depuis 1905, par une vingtaine d'unités de Hull et de Grimsby : c'était Fleetwood. Le Lancashire Railway la choisit[1]. Il investit trois millions de francs à construire un bassin de 5 hectares et toutes les annexes nécessaires. Le nouveau port entrait en service au début de 1911. L'année suivante, ses expéditions, par wagon, s'étendaient jusqu'au sud de l'Angleterre.

Les fastes de Lorient tiennent en peu de lignes : 1666, le port est donné à la Compagnie des Indes; 1719, les aménagements sont terminés; 1771, l'État en prend possession et y fonde une Intendance navale; Napoléon en fait le siège du III° arrondissement maritime. L'Arsenal et le port militaire avaient le Scorff pour centre. A l'Ouest, on ouvrit, de 1857 à 1863, un bassin à flot pour les navires marchands[2].

De quel commerce s'agissait-il? Ce n'était pas, certes, le commerce du poisson : la cinquantaine de barques sardinières (contre 450 à Port-Louis) ne justifiait pas de tels travaux. C'était le commerce combiné du charbon à l'importation et des poteaux de mines à l'exportation. C'était aussi, provoquée par ce trafic, l'existence d'un armement local[3]. Le tonnage des cargos s'accroissant, on éleva, peu

1. Beaufils (M.), *op. cit.*, p. 353.

2. « Ports Maritimes de la France », *op. cit*, 4° vol. — Marsille (A.), « Lorient et les ports de commerce au xix° siècle », *Bull. Soc. Bretonne Géographie*, 27, 28, 1887. — X..., *L'Avenir du port de commerce de Lorient*, in-16, 72 p., au « Nouvelliste » de Lorient, 1907.

3. En 1906, importation de houille anglaise : 57.218 tonnes; en 1925, 220.000 t., dont 75.000 pour les chalutiers (En 1907, la Compagnie d'Orléans demandait déjà les deux tiers de ses charbons à Lorient). — En 1906, exportation de poteaux de mine : 61.388 tonnes (Un hectare de pins fournit 300 tonnes de poteaux; mais, il faut des réensemencements fréquents).

avant la guerre, dans la rade, près du hameau de La Perrière, un quai en eau profonde, dit quai de Kergroise.

La prospérité de Lorient, vous l'avez vu, dépend du commerce de la houille. Or, en 1905, l'industrie du chalutage à vapeur est définitivement implantée en France. Lorient occupe, à égale distance des bancs de la Grande Sole et d'Arcachon, une place privilégiée sur le plateau continental atlantique, domaine du merlus. Il est desservi par une ligne directe de chemin de fer. Naguère, les expériences de Victor Guillard ont été démonstratives[1] ; en 1897, un petit vapeur a travaillé au large ; en 1906, six vapeurs de ce genre étaient inscrits au port. Mais, qui va donner au chalutage à vapeur l'impulsion décisive et victorieuse? Celui-là même qui a permis de l'implanter, entendez le marchand de charbon-armateur.

Réfléchissez qu'un chalutier consomme de 12 à 15.000 tonnes de charbon par an, que l'emploi de la briquette réalise une économie de 20 à 30 %, et il vous apparaîtra que le chalutier est, pour l'importateur de charbon et le fabricant d'agglomérés, un client précieux autour de qui l'on s'empresse. Telle est l'exacte vérité : à Lorient, le charbon a fait le chalutage. En 1909, il y avait 21 vapeurs dans le bassin à flot : l'avenir de Lorient, port de pêche, était plein de promesses[2].

Au cours de l'année 1918, le Gouvernement, s'inspirant des travaux effectués à Geestemünde, Nordenham, etc... déposa un projet comportant la création de ports de pêche industriels à Boulogne, Lorient, La Rochelle, Sète ou Port-de-Bouc. Seul, celui de Lorient a pu aboutir, grâce à M. Nail, député, alors ministre de la Justice, et à M. Marcesche, président de la Chambre de Commerce. M. Verrière, l'éminent ingénieur en chef des Ponts et Chaussées du Morbihan, a élaboré les plans et assumé la haute direction de l'entreprise[3]. C'est de lui cette expression très juste : « Tous les ports de pêche modernes ont été créés dans le désert. » En effet, Cuxhaven et Ijmuiden ont remplacé des dunes stériles; Geestemünde, une baie. Le nouveau

1. Voir p. 70.
2. Production (criée municipale de Lorient) : 1913, 2.142.000 francs; 1925, 21.702.000 francs.
3. Verrière (M.), *Le port de pêche de Lorient-Kéroman*, Lorient, s. d. — Musset (R.), « Le port de Lorient », *Annales de Géographie*, XXX, 1921, p. 310. — Tayou (R.), « Les ports de Lorient », *Revue univers. des transports*, juin-juillet 1924. — Robert Müller (C.), « Le nouveau port de pêche de Lorient. Chalutage et charbon », *Annales de Géographie*, XXXVI, 1927, p. 193-212.

Lorient a eu pour berceau les sables vasards étalés entre le quai de Kergroise et l'estuaire de la rivière, le Ter, au lieu dit Keroman.

De bonnes descriptions ont été publiées des deux bassins, des quais, de la jetée aux charbons, des halles, des chantiers, des ateliers et du grand entrepôt frigorifique de La Perrière. Le port coûte 45 millions — 54 avec le slip. Il a été concédé à une société le 23 février 1927 pour une période de soixante ans[1].

Depuis la guerre, les affaires de pêche ont traversé des phases critiques où précisément le charbon a joué un rôle. En 1920, par exemple, le combustible est plus cher que le poisson. En 1926, la grève anglaise affecte la pêche, et la baisse subite de la livre sterling permet l'introduction en France de poissons de provenance étrangère. Mais, en dépit de leur gravité, ce ne sont que des épisodes dont le souvenir lui-même, à la longue, s'efface.

---

1. Au frigorifique de Lorient-Kéroman correspond ou, plus exactement, correspondait le frigorifique de Saint-Pierre-et-Miquelon. Deux cargos frigorifiques le *Réfrigérant* et la *Glacière* auraient transporté de Saint-Pierre-et-Miquelon à Lorient les « faux-poissons ». Etrange conception que les faits ont réduite à néant. Le frigorifique de Saint-Pierre-et-Miquelon, qui nous a coûté 1.130.000 dollars-or, n'a servi à rien, et les deux cargos, qui nous ont coûté 41 millions et demi de francs, n'ont transporté aucun poisson. L'État les a revendus 12 millions, sur lesquels 4 millions n'ont pas été recouvrés !

CONCLUSION

Cette étude, je le répète, n'est pas une histoire descriptive de la pêche. Elle est la synthèse de l'une des formes de l'activité humaine dans le temps et dans l'espace. Je me suis efforcé, ainsi que je l'annonçais dans l'avant-propos, de rattacher cette forme aux autres et de montrer ce qu'elle leur a donné et ce qu'elle en a reçu.

Une pareille synthèse n'est pas une construction rationnelle ni un mode de présentation formel. Elle s'appuie sur cette vérité, due au génie de Claude Bernard, que deux observations actives qui se complètent équivalent à une expérimentation. C'est dans ce sens qu'elle met en œuvre les résultats de l'expérience, soit observés, soit rapportés. Analogues à l'Embryologie et à l'Histoire, elle s'adresse à la méthode génétique et remonte du conséquent à l'antécédent, du conditionné à la condition ; bref, elle est inductive.

En cheminant, se sont dégagées les idées-maîtresses de ce long exposé. Je puis assurer qu'elles reposent toutes sur des faits rassemblés au cours d'une enquête large, par son étendue, étroite par sa critique. Donc, aucun *a priori;* aucune confusion entre l'accidentel et le contingent. J'emploie ce terme à dessein, car les lois naturelles et historiques, extraites de l'expérience, sont constantes, mais contingentes, et il ne faut pas leur en demander davantage.

C'est dans cet esprit et avec ces précautions liminaires que le sujet a été traité.

I

L'évolution, telle qu'elle est entendue ici, désigne un développement ontogénique réel que la chronologie, approximative ou exacte, jalonne de ses repères.

Quatre grandes phases se succèdent à des intervalles très inégaux. La première, fort obscure, aboutit à l'invention de l'hameçon. Elle correspond à la fabrication d'armes grossières de défense et d'attaque, comme le harpon, et à la transformation de celles-ci en outils de travail, comme l'hameçon. La seconde est caractérisée par un progrès remarquable, dont les éléments, entièrement nouveaux, sont étrangers à la pêche et décèlent une civilisation pratique déjà différenciée : c'est le filet; puis, c'est le bateau et la combinaison des deux avec, sans doute, l'hameçon en plus.

A la troisième s'applique l'épithète de métallique. Les engins sont en cuivre, en bronze, en fer. A part l'élégance et la finesse, rien ne change dans leur conception ni dans leur formes essentielles. Rien ne changera..... jusqu'au chalutier à vapeur armé de panneaux et pourvu de glace. Est-ce à dire que l'imagination créatrice selon Th. Ribot ait sommeillé si longtemps? Non; mais elle n'a produit que des perfectionnements de détail et de manœuvre. La technique ne s'est pas foncièrement enrichie, malgré l'usage de plus en plus large qu'on en a fait, de la haute Antiquité au dernier quart du xix⁰ siècle en passant par les intenses pêcheries médiévales, les pêcheries morutières transatlantiques et le chalutage. Le navire a pu grandir ou se diversifier : c'est à cause de la navigation, ce n'est pas à cause de l'engin, ce n'est pas à cause de la pêche. Seules, les notions de quantité interviennent, nullement celles de qualité. La pêche a pu ouvrir à l'homme la mer et, dans de très rares cas et par hasard, certaines routes de mer : elle n'a pas tardé à être englobée par la marine marchande.

Au reste, le moteur principal de la pêche est le commerce. Le poisson-marchandise s'insère dans le commerce général; l'extension de celui-là est liée au développement de celui-ci ; sa distribution dépend surtout de l'existence antérieure des routes de terre ou de mer — de terre surtout; le port de pêche digne de ce nom s'installe dans un port marchand ou lui succède.

La quatrième et dernière phase se définit d'un mot : le chalutier, ce qui revient à dire pêche mécanique, pêche industrielle, port de pêche industriel provenant soit de l'adaptation d'un ancien port marchand, soit d'une construction absolument neuve. Nous sommes arrivés au dernier terme d'une différenciation évolutive lente et pénible, d'un processus du simple au complexe dont il convient de préciser la nature et d'évaluer la grandeur [1].

1. Indication dont on trouvera l'origine dans le travail de M. de Laurens-Castelet : « De 1850 à 1925, en France, on compte dix fois plus de marins-pêcheurs (ceux-ci protégés par l'ordonnance de Colbert de 1649, qui leur reconnaissait le privilège de la pêche dans les eaux territoriales, par la loi de 1872, qui les exonérait de toute taxe commerciale, et réglementés par le décret-loi de 1852); quatre fois plus de bateaux

II

A cet effet, une comparaison sommaire avec l'agriculture sera, si je ne m'abuse, utile.

La houe néolithique, faite de deux branches angulaires, est maniée à bras, puis tirée par des bêtes de somme. Elle s'arme d'un soc métallique. Plus tard, un coutre apparaîtra à l'avant d'un versoir. Et, durant des siècles, ce sera le même instrument qui se répètera et que nous avons vu dans notre jeunesse. La faucille primitive en bois bordé de silex dentelé est devenue, sans peine, métallique. Elle s'est maintenue telle quelle, tout en donnant, dès La Tène III, une variante, la faulx [1], dont l'industrie s'est emparée, de nos jours, et qu'elle a convertie, après quelques étapes, en ce bel appareil qu'est la faucheuse-lieuse. Charrue et faucheuse-lieuse actuelles sont donc, chacune dans son rôle, les équivalents évolutifs du chalutier.

Cette analogie appelle la discussion.

Au Néolithique, le travail de la terre est une révolution substantielle. On ne saurait en dire autant de la pêche, qui, déjà très vieille à cette époque, demeure identique à elle-même au sein d'un milieu immuable, malgré les commodités énormes fournies par les filets et les pirogues. L'homme, au contraire, agit puissamment sur la terre, où il est chez lui et dont il modifie l'aspect. Il n'est pas jusqu'à la fertilité qui ne soit en grande partie son œuvre [2]. Il a fabriqué le champ qu'il exploite avec ses instruments agricoles, tandis qu'il est contraint de subir, toujours et partout et sans espoir de domination, la mer, élément étranger dont il exploite avec ses engins les productions spontanées. En exagérant et par métaphore, on pourrait dire que le paysan s'est fait à lui-même un océan à sa taille et sous sa maîtrise : son champ.

faisant un tonnage global cinq fois plus grand et rapportant une somme trente-sept fois plus élevée. Mais, si l'on tient compte de la dépréciation du franc et du fait que le poisson ne vaut pas plus de quatre fois son prix d'avant-guerre, neuf fois plus de poisson est pêché actuellement. »

1. Charrue (voir Déchelette, *op. cit.*, II, 2º part., p. 1378 et sq. — Cagnat et Chapot, *op. cit.*, II, p. 252). Faucille (Déchelette, II, 1re part., p. 266). Faulx (Dilo, *ibid.*, p. 138).

2. L'une des thèses principales de la Géographie Humaine, voir : Brunhes (J.), *La Géographie humaine ; essai de classification positive*, nouvelle édition (3º), 1927. — Voir aussi : Brunhes (J.) et Vallaux (C.), *La Géographie de l'Histoire*, in-4º, 1921, 715 p., notamment les huit premiers chapitres.

Autrement écrit, les caractères de la culture sont moins primitifs — plus humains — que ceux de la pêche. Par conséquent, l'universalité et la simplicité des deux systèmes ne sont pas de même nature ; leur analogie est formelle ; et l'effort — c'est le seul étalon de mesure possible — que représentent les deux termes actuels de la double évolution est évidemment plus grand pour le chalutier que pour la moissonneuse.

Ici, un corollaire.

Il y a lieu de penser que l'homme du littoral ou du bord des rivières, condamné à se repaître de poisson, rien que de poisson, s'est en partie affranchi de cette sujétion, dès qu'il a su récolter des grains ou élever du bétail. L'observation confirme cette vue. Les peuplades néolithiques du nord-ouest de l'Europe, confinées entre la mer périlleuse et la forêt inhospitalière, ont laissé dans les couches successives des kjokkenmödding les traces authentiques de leur façon de vivre. Or, qu'y trouve-t-on ? A la base, des os de poisson et des coquilles, rien que cela. Plus haut un mélange d'os de poisson, de coquilles, d'os de renne et de chien. Enfin, les couches les plus récentes renferment des os de mouton, de chèvre, de cheval et de porc[1]. Sur place, a donc évolué une civilisation primitive allant de l'ichthyophagie absolue à l'alimentation carnée, de la pêche à l'élevage.

Une enquête plus complexe nous conduira au même résultat. Je la limiterai à une ancienne et grande métropole, à la fois port fluvial et port maritime, ville de l'intérieur, centre commercial et industriel : Rouen[2].

Durant des siècles, le poisson constitua, dans la capitale normande, le fond de l'alimentation populaire, parce que les prix des légumes et de la viande étaient inaccessibles aux bourses petites et moyennes. Au XVe siècle, par exemple, la viande coûtait dix fois plus cher qu'aujourd'hui, et la dépense quotidienne d'un ménage d'ouvrier ne pouvait pas, étant donné les salaires, excéder 10 deniers. De la Renaissance à la fin du XVIIIe siècle, la hausse des denrées fut ininterrompue. A la chute de Napoléon, la consommation annuelle de

1. Vidal de La Blache (P.), « Les genres de vie dans la Géographie humaine », *Annales de Géographie*, XX, 1911 ; p. 193-211, 289-304 (spécialement p. 209 et sq.).

2. Levainville (J.), *Rouen, étude d'une agglomération urbaine*, in-8°, 1913, 618 p. (spécialement chapitre : Alimentation, p. 271-298, d'après Taillepied, 1610 : au XVIIe, les pêcheurs rapportaient en une seule saison jusqu'à 30.000 aloses! — abbé Tougard ; Ch. de Baurepaire...).

viande par habitant était de 42 kilogrammes seulement. En 1825, elle
passe à 55 kilos. En 1890, elle atteint 63 kilos ; onze ans après,
91 kilos. A la veille et surtout à la suite de la Grande Guerre, les
hauts prix de la viande ont tendu à ramener le consommateur au
poisson. C'est un balancement qui obéit à des facteurs économiques.

III

Les considérations précédentes sont sous une forme, plus précise, la
reproduction de celles qui ont été développées dans le chapitre : Filets
et Bateaux[1]. Mais, il semble prudent d'ajouter quelques lignes de
commentaire.

Les mots : simplicité, universalité, réversion, ne doivent pas être
pris, je le répète, dans leur sens intégral. Le physicien lui-même
les répudierait ; à plus forte raison, le biologiste et l'économiste.
Ces expressions conviennent à des phénomènes vraiment simples,
comme ceux de la Mécanique céleste, qui se manifestent à l'esprit
dans un éternel présent. Elles ne s'appliquent à notre sujet qu'avec
une signification atténuée. C'est d'ailleurs à ce prix qu'il y a une
évolution de la pêche, extraordinairement lente, il est vrai, mais
certaine.

Ira-t-elle très loin ? Assurément, non. Lui reste-t-il du chemin à par-
courir ? Assurément, oui. La pêche mécanique a restreint la dissi-
pation d'énergie et de matière première que suppose une industrie
rudimentaire. Ce n'est pas tout : une foule de perfectionnements
techniques seront nécessaires, ainsi qu'une économie plus sagace
des lieux de production... Bref, il faut tendre vers un plus haut degré
de concentration ou, pour user d'un mot barbare à la mode, de ra-
tionalisation. Ce programme, que M. René Moreux va développer
devant vous, est commun à n'importe quelle industrie. Mais, le travail à la mer est tel qu'il sera difficile, sinon impossible, de toucher, en toutes circonstances, au but.

1. Voir p. 9, et, pour la réversion, p. 88.

INDEX

TABLE DES MATIÈRES

AVANT-PROPOS

PREMIÈRE PARTIE

CHAPITRE PREMIER

Harpons et Hameçons.

CHAPITRE II

Filets et Bateaux.

CHAPITRE III

Cuivre et Bronze.

CHAPITRE IV

Poisson-marchandise.

CHAPITRE V

Conserves et Transports antiques.

CHAPITRE VI

Pêcheries et Engins.

SECONDE PARTIE

CHAPITRE PREMIER

Du Sud au Nord.

CHAPITRE II

Poisson et Commerce médiéval.

CHAPITRE III

La Hanse.

CHAPITRE IV

Pêcheries transatlantiques.

TABLE DES FIGURES

TYPOGRAPHIE FIRMIN-DIDOT ET Cie. — MESNIL (EURE). — 1928.